잎벌레도감
Chrysomelidae

한국 생물 목록 31
CHECKLIST OF ORGANISMS IN KOREA

잎벌레도감
A Guide Book of Korean Leaf Beetles

펴낸날 2020년 12월 14일
지은이 안승락, 김은중

펴낸이 조영권
만든이 노인향, 백문기
꾸민이 ALL contents group

펴낸곳 자연과생태
주소 서울 마포구 신수로 25-32, 101(구수동)
전화 02) 701-7345~6 **팩스** 02) 701-7347
홈페이지 www.econature.co.kr
등록 제2007-000217호

ISBN 979-11-6450-027-7 96490

A Guide Book of
Korean Leaf Beetles

Chrysomelidae

글·사진 — 안승락·김은중

자연과생태

머 리 말

잎벌레는 딱정벌레목에서도 매우 큰 분류군으로 형태나 생태가 독특하고 다양합니다. 지금까지 학계에 보고된 잎벌레는 전 세계 약 3만 9,800종, 우리나라 약 418종이며, 전 세계에 5만 종에서 10만 종이 서식할 것으로 추정합니다.

중생대 지층에서 잎벌레 35종의 화석이 발견되었기 때문에 잎벌레가 지구에 출현한 시기는 고생대 말기에서 중생대 초기(트라이아스기)로 봅니다. 현재 서식하는 잎벌레에 대한 첫 기록은 1758년 린네(Linné)가 전 세계의 78종을 보고한 것이며, 우리나라 첫 기록은 1886년 콜베(Kolbe)의 기록으로 괴체(Gottsche)가 1883~1884년에 주로 부산과 서울 사이에서 채집한 딱정벌레 가운데 3신종을 포함해 17종을 보고했습니다.

잎벌레과에서 가시잎벌레류와 남생이잎벌레류는 형태 차이가 너무 커서 독립된 과로 취급하기도 했으며, 최근에는 콩바구미류를 잎벌레로 취급하고 수중다리잎벌레류와 혹가슴잎벌레류를 독립 과로 분리하는 등 분류체계가 안정되어 있지 않습니다.

특히 유충은 생활환경 및 습성에 따라 잎에 사는 무리, 잎에 굴을 파고 사는 무리, 토양 속에서 사는 무리, 줄기에 굴을 파고 사는 무리, 집을 짓고 사는 무리, 물속에 사는 무리 등으로 구별하며, 이런 생활형에 따라 생김새도 많이 달라집니다.

잎벌레는 이름에서 알 수 있듯이 일부 성충과 유충을 제외한 모두가 식물 잎을 가해하는 식식자입니다. 세계적으로도 리프 비틀(leaf beetle)이란 이름이 두루 쓰입니다. 종 대다수가 농작물과 산림 해충으로 평가되며, 일부 종은 주요 작물에 매우 심각한 피해를 끼칩니다. 반면 기주특이성이 매우 높아 유해한 잡초를 제거하는 데에 활용되는 종도 있고, 일부 무리는 꽃가루를 먹기 때문에 꽃가루받이를 돕기도 합니다.

우리나라에서는 잎벌레가 농업 및 임업에 끼치는 경제적 영향 때문에 오래전부터 잎벌레를 연구해 왔고, 북한에서도 외국 학자들 위주로 많은 연구가 이루어져 왔습니다. 그러나 대부분 종이 매우 작고 외형으로 구별할 만한 뚜렷한 형태 특징이 적고, 첫 기록 당시와 현재의 서식 환경이 달라진 데다 북한에만 서식하는 종도 있어 현 시점에서 우리나라 잎벌레를 종합적으로 규명하기는 어려운 실정입니다. 그렇다고 미뤄 둘 수만은 없는 일이어서 40년간 잎벌레를 연구하며 모은 자료에서 우선 동정이 가능한 306종을 선정해 도감으로 엮었습니다. 이 도감이 잎벌레 분류와 생태를 이해하고, 나아가 우리나라 잎벌레를 연구하고 규명하는 데에 도움이 되길 바랍니다.

2020년 12월

안승락, 김은중

일 러 두 기

- 한국에서 기록된 잎벌레 가운데 한반도 분포가 의심되는 종을 제외한 418종 목록과, 확보한 표본 가운데 분류 동정한 306종을 수록했다.
- 이 가운데 신종 2종과 한국미기록 15종을 확인했다.
- 국내 분포는 북부(북한지역), 중부(경기·강원·충청), 남부(경상·전라), 제주도로 구분했으며, 이들 지역에 모두 분포하는 경우는 전국이라고 표기했다.
- 국내 분포와 출현시기는 소장 표본을 기준으로 삼았다.
- 기주식물 및 생활사는 현장 확인 자료와 문헌을 참고로 했다.
- 콩바구미아과(Bruchinae)는 제외했고 수중다리잎벌레과(Megalopodidae)를 수록했다.
- 아과 분류체계는 Integrated Taxonomic Information System을 따랐고 종 나열순서는 학명 알파벳순이다.
- 국명은 『한국곤충명집』과 기존 연구자가 명명한 이름을 적용했다.
- 종 설명 부분에서는 각 종명 옆에 실제 크기 사진을 놓아 크기를 가늠할 수 있게 했다.

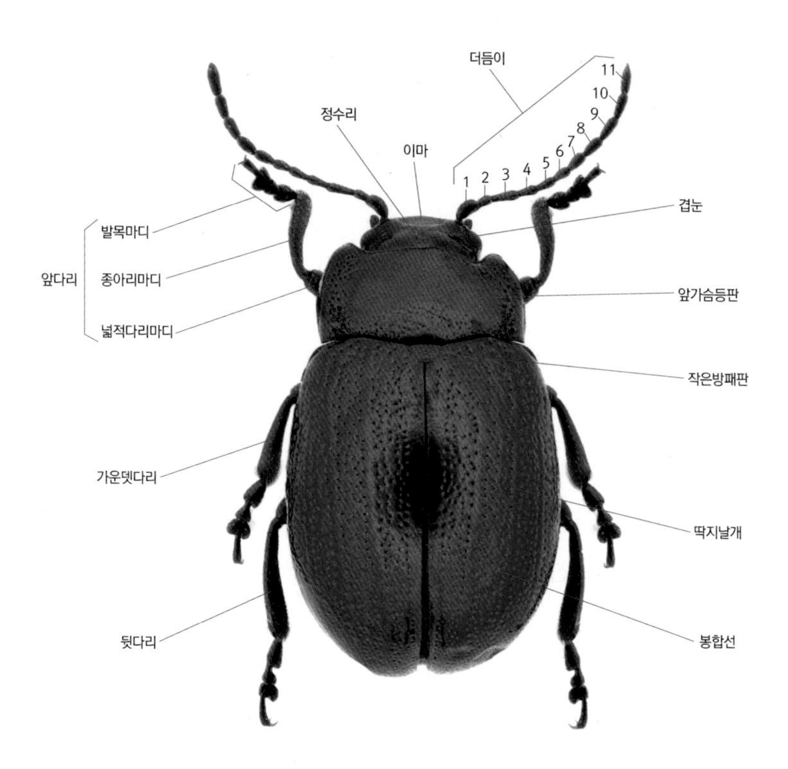

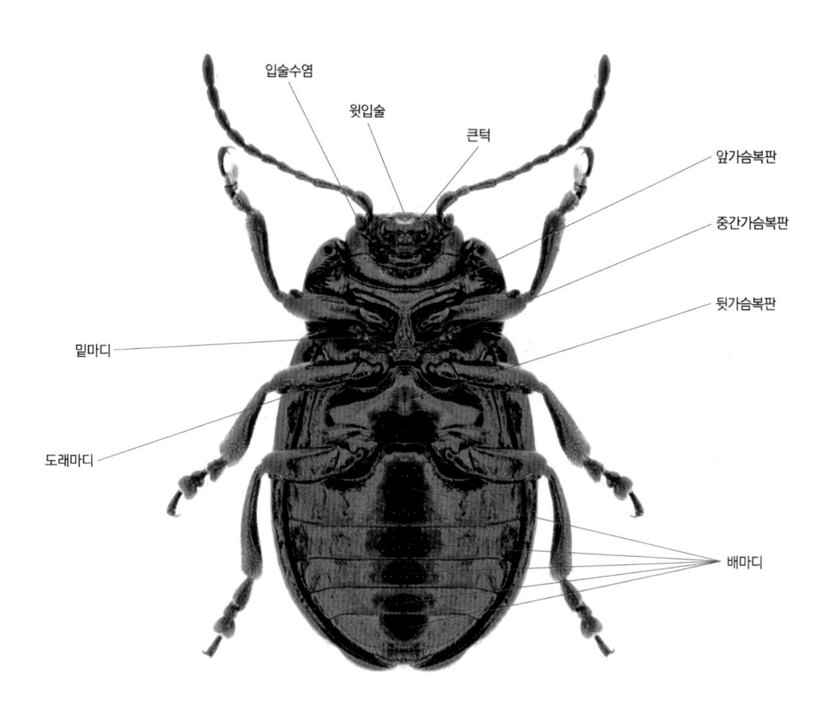
입술수염
윗입술
큰턱
앞가슴복판
중간가슴복판
뒷가슴복판
밑마디
도래마디
배마디

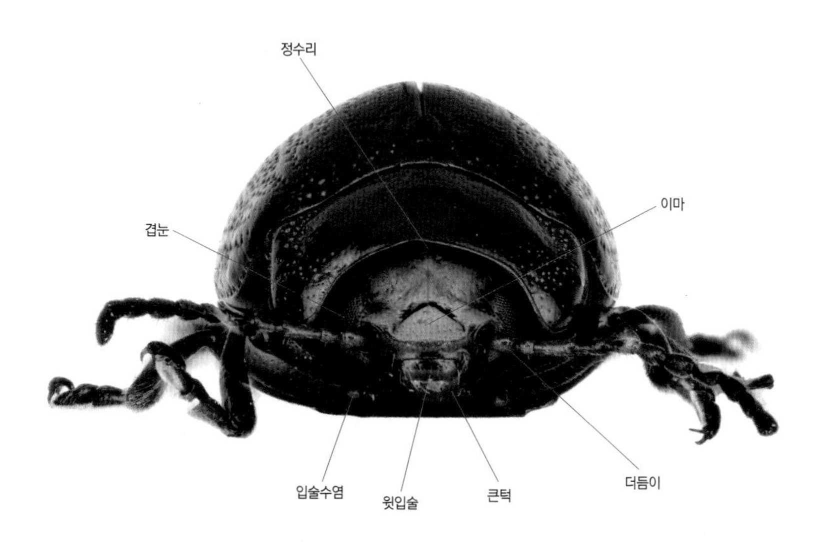
정수리
이마
겹눈
입술수염
윗입술
큰턱
더듬이

CHRYSOMELIDAE

A Guide Book of Korean Leaf Beetles

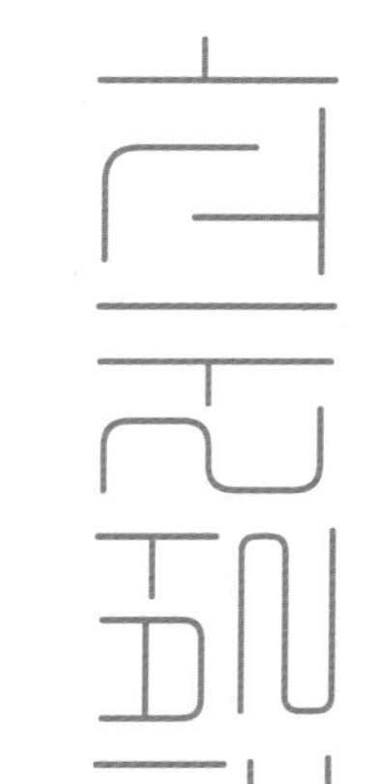

뿌리잎벌레아과

Donaciinae

성충, 유충 모두 수련과, 택사과, 가래과, 벼과, 흑삼릉과, 사초과 등 여러 종류의 수중 또는 반수중 식물을 먹는 수서곤충이다. 먹이식물 때문에 수중생활을 선택한 것으로 보이며, 이런 선택으로 소생활권(biotope)을 이룬다. 수컷은 짝짓기를 하기 전에 암컷 머리를 비비는 준비행동을 한다. 수생식물의 노출된 부위, 즉 잎 윗면이나 잎들이 겹치는 부위나 물속에 잠긴 부분에 알을 낳는다. 넓적뿌리잎벌레류는 식물 조직 내부나 잎 윗면에 알을 낳는다. 대부분 유충은 수서생활을 하며 물에 잠긴 수생식물의 줄기나 뿌리를 먹으면서 식물줄기의 통기조직(air chamber)에 있는 산소를 이용한다.

001

뿌리잎벌레아과

렌지잎벌레

Donacia (*Cyphogaster*) *lenzi* Schlönfeldt, 1888

몸길이	6~8mm
출현시기	5~8월
분포	한국(중부), 일본, 중국, 러시아
기주식물	순채, 수련 등

녹동색, 청동색, 자주색을 띠는 동색이다. 날개 점각은 11줄이며 점각열과 점각열 사이에 주름이 있다. 날개 끝은 잘린 듯한 모양이며, 뒷다리 넓적다리마디 끝부분에 큰 가시 1개와 작은 가시들이 있다.

성충은 5~7월에 많이 나타나며, 순채, 수련 등 물 위에 떠 있는 수생식물 잎을 먹는다. 유충은 순채와 수련 잎에서 보인다.

002

뿌리잎벌레아과

벼뿌리잎벌레

Donacia (Cyphogaster) provostii Fairmaire, 1885

몸길이 6~8mm
출현시기 6~8월
분포 한국(전국), 일본, 중국, 러시아
기주식물 순채, 개연꽃, 가래, 마름 등

녹동색, 청동색, 자주색을 띠는 동색이다. 날개 점각은 규칙적이며 점각열과 점각열 사이는 매끈하지만 옆면은 매우 미세한 주름이 있다. 수컷 배 첫째 마디 가운데에 작고 날카로운 돌기가 1쌍 있으나 암컷에는 없으며, 암수 모두 다리에 가시 같은 돌기가 있다.

성충은 6월 말에 나타나 7월 초에서 8월 말에 기주식물 잎 뒷면에 산란하며, 알은 약 10일 뒤에 부화한다. 유충은 주로 벼과 식물 뿌리에 잠입해 가해하며, 11월 초부터 지하 12~24cm 깊이에서 월동한 뒤에 다음 해 5월 말부터 나타나고, 6월 말에 번데기 시기가 끝나는 것으로 알려졌다.

003

뿌리잎벌레아과

암수다른뿌리잎벌레

Donacia (Donaciomima) bicoloricornis Chen, 1941

몸길이	7.8~9mm
출현시기	7~8월
분포	한국(중부), 일본, 대만, 중국
기주식물	흑삼릉

동색이다. 날개에 뚜렷한 옆주름이 있다. 앞가슴등판에는 뚜렷한 옆주름과 강한 점각이 있다. 날개 끝은 뾰족하다. 뒷다리 넓적다리마디는 날개 끝에 이르지 못하며, 수컷의 뒷다리 넓적다리마디에는 작은 가시가 1개 있다. 생태에 관해서는 알려진 게 없다.

004

뿌리잎벌레아과

검정뿌리잎벌레

Donacia (Donaciomima) clavareaui Jacobson, 1906

몸길이	7.5~9mm
출현시기	6월
분포	한국(중부), 일본, 중국, 러시아
기주식물	매자기

동색을 띠는 검은색이다. 날개 점각은 11줄로 규칙적이며 점각열과 점각열 사이는 매우 미세한 점각과 가로 주름이 있다. 날개 끝부분은 잘린 듯한 모양이다. 암수 모두 다리에 강한 가시 돌기가 있다.

6월 말에 성충이 나타나 기주식물에서 짝짓기한다.

005
뿌리잎벌레아과

원산잎벌레

Donacia (*Donaciomima*) *flemola* Goecke, 1944

몸길이	6.5~8mm
출현시기	5~6월
분포	한국(북부, 중부, 남부), 일본, 중국, 러시아
기주식물	사초류

광택이 있는 검은색이다. 날개 점각열과 점각열 사이는 매끈하며, 암수 모두 날개 끝이 뾰족하다. 뒷다리 넓적다리마디는 굵고 끝부분에 가시가 있다. 생태에 관해서는 알려진 게 없다.

006

뿌리잎벌레아과

넓적뿌리잎벌레

Plateumaris sericea sibirica (Solsky, 1872)

몸길이	7~11mm
출현시기	5~9월
분포	한국(북부, 중부, 남부), 일본, 중국, 러시아, 코카서스, 유럽
기주식물	사초류

흑갈색, 자청색, 동적색 등 다양하다. 날개 점각은 11줄이며 점각열과 점각열 사이에 거친 가로 주름과 미세한 점각이 있다. 뒷다리 넓적다리마디 끝부분에 가시 같은 강한 돌기가 있다.

5~7월에 사초과 식물 꽃에 모이며, 산지에서는 9월까지 활동한다. 5월 중하순에 산란하며, 유충은 5월 중순부터 11월 중순까지 관찰되고, 10월부터 다음 해 5월 중순까지 번데기로 지낸다.

007

뿌리잎벌레아과

대암넓적뿌리잎벌레

Plateumaris weisei (Duvivier, 1885)

몸길이	5.5~8.5mm
출현시기	7월
분포	한국(중부), 일본, 중국, 러시아, 페노스칸디아 등
기주식물	대암사초

광택이 있는 녹동색이다. 날개 점각은 11줄이며 점각열과 점각열 사이에는 거친 가로 주름과 미세한 점각이 있다. 뒷다리 넓적다리마디 끝부분에 작고 뭉뚝한 돌기가 있다.

대암산 용늪에서만 출현 기록(안, 2015)이 있으며, 7월에 대암사초에 모인다.

긴가슴잎벌레아과

Criocerinae

벼과, 백합과, 아스파라거스과, 마과, 가지과 등을 먹는다. 종에 따라 기주식물 잎 윗면이나 아랫면 또는 줄기에 1개씩 또는 집단으로 알을 낳거나, 불규칙한 열 형태로 알을 낳기도 한다. 거의 모든 유충은 군집생활을 하지 않는다. 닭의장풀과 잎에 굴을 파고 사는 잠엽성을 제외하고 대부분 기주식물 잎, 줄기, 새싹에서 노출된 상태로 자유생활을 한다. 대다수 유충은 자신이 분비한 배설물로 만든 통을 등에 지고 다니거나 몸 전체를 배설물 속에 숨기고 산다.

008

긴가슴잎벌레아과

점박이잎벌레

Crioceris duodecimpunctata (Linnaeus, 1758)

몸길이	6~7mm
출현시기	5월
분포	한국(북부, 중부), 중국(만주), 유럽
기주식물	아스파라거스

가슴은 적갈색이고, 날개는 연갈색 바탕에 검은 무늬가 6개 있다. 더듬이, 다리 및 배는 검은색이다. 날개에 강한 점각이 11줄 있으며 점각열과 점각열 사이는 평탄하다. 생태에 관해서는 알려진 게 없다.

009

긴가슴잎벌레아과

아스파라가스잎벌레

Crioceris quatuordecimpunctata (Scopoli, 1763)

몸길이	6~7mm
출현시기	5~6월
분포	한국(전국), 일본, 중국, 러시아, 유럽 등
기주식물	아스파라거스

가슴은 적갈색 또는 오렌지색이며 검은 점이 5개 있으나 후방부에 점이 없는 경우도 있다. 날개는 적갈색이며 큰 검은 무늬 5개와 끝부분에 작은 무늬가 있다. 표면에는 강한 점각이 11줄 있으며, 점각열과 점각열 사이는 평탄하나 아주 미세한 점각이 있다.

5월 초, 중순에 월동한 성충이 아스파라거스 잎에 노란색 알을 낳는다. 유충은 아스파라거스 잎을 먹고 성장한 후 땅속 흰 고치 속에서 번데기가 되는 것으로 알려졌다.

010
긴가슴잎벌레아과

곰보날개긴가슴잎벌레

Lilioceris (Chujoita) gibba (Baly, 1861)

몸길이	6mm
출현시기	6월
분포	한국(제주도), 중국, 대만
기주식물	백합과

전반적으로 적갈색을 띠나 날개는 연갈색이다. 앞가슴등판 가운데에 작은 점각이 성기게 있다. 날개 앞부분이 매우 볼록하며, 크고 강한 점각이 있다. 생태에 관해서는 알려진 게 없다.

011

긴가슴잎벌레아과

백합긴가슴잎벌레

Lilioceris (Lilioceris) merdigera (Linnaeus, 1758)

몸길이 7~8.5mm
출현시기 4~8월
분포 한국(전국), 일본, 대만, 중국, 러시아, 유럽, 멕시코, 브라질
기주식물 백합, 참나리, 중나리 등

적갈색이다. 날개에 강한 점각이 11줄 있으며 점각은 후방으로 갈수록 약해진다. 점각열과 점각열 사이는 평탄하나 아주 미세한 점각이 있다.

4월 중순에 월동 성충이 나와, 5월 말에 기주식물에 산란한다. 유충은 백합을 가해하며, 다른 종에 비해 크고 딱딱한 배설물을 등에 붙인다. 땅속에서 고치를 만들어 번데기가 된다. 1년에 1회 발생한다.

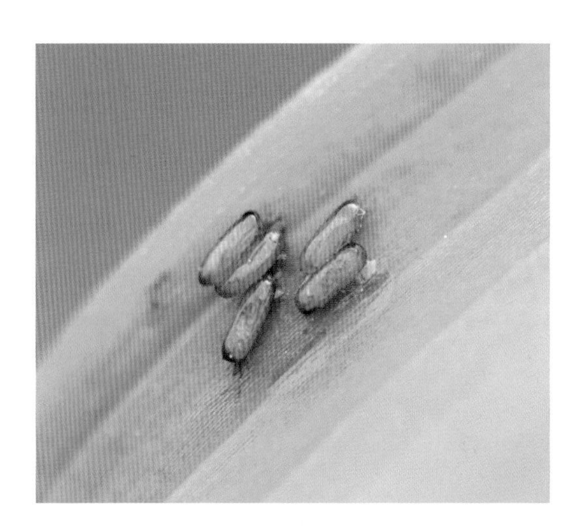

012

긴가슴잎벌레아과

곰보긴가슴잎벌레

Lilioceris (*Lilioceris*) *rugata* (Baly, 1865)

몸길이	6.2~8mm
출현시기	5~8월
분포	한국(전국), 일본, 중국
기주식물	참마, 도코로마

전체적으로 어두운 적갈색이나 머리, 더듬이, 다리, 배는 검은색이다. 더듬이 7~10번째 마디는 폭보다 길지 않다. 작은 방패판은 잘린 듯한 모양이다. 앞가슴등판에 강한 점각이 있으며, 날개에도 강한 점각이 규칙적으로 있다. 생태에 관해서는 알려진 게 없다.

013

긴가슴잎벌레아과

등빨간긴가슴잎벌레

Lilioceris (*Lilioceris*) *scapularis* (Baly, 1859)

몸길이	8.5~9.5mm
출현시기	5~7월
분포	한국(전국), 일본, 중국, 러시아
기주식물	청미래덩굴, 선밀나물

전체적으로 광택이 있는 검은색이며 날개 어깨 부근에 오렌지색 무늬가 있다. 앞가슴 중간 옆 가장자리는 강하게 수축되었고 앞가슴등판에 아주 미세한 점각이 성기게 있다. 날개 점각은 규칙적으로 열을 이루며 뒤쪽으로 갈수록 약해진다. 생태에 관해서는 알려진 게 없다.

014

긴가슴잎벌레아과

고려긴가슴잎벌레

Lilioceris (*Lilioceris*) *sieversi* (Heyden, 1887)

몸길이 8~8.5mm
출현시기 5~8월
분포 한국(중부, 남부), 일본, 중국
기주식물 마, 참마, 국화마, 부채마

날개는 검은색을 띠는 청색이나 가슴은 적갈색이고 머리, 더듬이, 다리는 검은색이다. 앞가슴등판에 아주 미세한 점각이 성기게 있다. 날개 점각은 규칙적으로 열을 이루며 뒤쪽으로 갈수록 약해진다. 생태에 관해서는 알려진 게 없다.

015

긴가슴잎벌레아과

주홍긴가슴잎벌레

Lilioceris (Lilioceris) sinica (Heyden, 1887)

몸길이	6.2~9mm
출현시기	7월
분포	한국(중부), 중국, 러시아
기주식물	야생백합, 밀

전체적으로 적갈색이나 머리, 더듬이, 배, 다리는 검은색이다. 앞가슴등판에 작은 점각이 성기게 있다. 작은방패판 끝부분은 완만하게 둥글다. 날개 점각은 후반부까지도 강하다. 바깥 부근 점각열과 점각열 사이는 뚜렷하게 솟았다. 생태에 관해서는 알려진 게 없다.

016
긴가슴잎벌레아과

배노랑긴가슴잎벌레

Lema (Lema) concinnipennis Baly, 1865

몸길이 5~6.5mm
출현시기 5~10월
분포 한국(전국), 일본, 대만, 필리핀, 중국, 러시아
기주식물 닭의장풀

전체적으로 청색 또는 흑청색이다. 배도 검은색 또는 흑청색이나 배 끝 3마디는 갈색이다. 앞가슴등판 점각은 전체적으로 매우 강하나 조밀하지는 않다. 날개 점각은 11줄로 규칙적이고 작은방패판 뒤쪽 점각은 다른 점각과 크기가 비슷하다. 월동한 성충은 4월 말부터 나타나, 5월 초부터 7월 말에 걸쳐 잎 뒷면에 난괴 형태 알을 15개 정도 낳는다. 유충은 집단으로 섭식하며, 상체를 동시에 흔드는 방어 습성이 있다. 등에 붙이는 배설물의 양은 적으며, 알, 유충, 번데기 기간은 각각 4~7일, 7일, 10일 정도이다. 연 1회 발생하며, 성충은 9월에 휴면에 들어가 월동한다.

017
긴가슴잎벌레아과

가시다리큰벼잎벌레

Lema (Lema) coronata Baly, 1873

몸길이	5~6mm
출현시기	6~9월
분포	한국(중부, 남부), 일본, 중국
기주식물	닭의장풀

청색이거나 정수리에 붉은색 무늬가 있는 흑청색이 있다. 앞가슴등판에는 약한 점각이 있고 기부 앞쪽과 가운데 사이에 가로 홈이 있다. 날개 점각은 11줄로 규칙적이고 점각열과 점각열 사이는 매끈하다. 가운뎃다리 종아리마디 중간에 가시가 있으며 살짝 튀어나오기도 한다.

월동 성충은 4월 말경에 닭의장풀에 나타난다. 8월 초에 부화한 유충은 8월 말에 종령이 되어 땅속에서 번데기 상태로 지낸다. 연 2~3회 발생한다.

018 쑥갓잎벌레

긴가슴잎벌레아과

Lema (*Lema*) *cyanella* (Linnaeus, 1758)

몸길이	5~6.5mm
출현시기	5~9월
분포	한국(전국), 중국, 몽골, 유럽
기주식물	엉겅퀴류

윗면은 청색이나 흑청색이며, 아랫면은 검은색이다. 앞가슴 등판에는 강한 점각이 조밀하게 있다. 날개 점각은 11줄로 강하고 규칙적이다. 생태에 관해서는 알려진 게 없다.

019

긴가슴잎벌레아과

홍줄큰벼잎벌레

Lema (*Lema*) *delicatula* Baly, 1873

몸길이	4.3~4.5mm
출현시기	5~9월
분포	한국(중부, 남부), 일본, 중국
기주식물	닭의장풀

전체적으로 적갈색이며, 날개는 청색이나 가로로 넓은 붉은색 줄무늬가 있다. 앞가슴등판에 매우 가는 점각이 성기게 있다. 날개 점각은 11줄로 규칙적이고 강하며, 작은방패판 뒤쪽 점각은 다른 점각과 크기가 비슷하다.

월동 성충은 4~5월 초에 닭의장풀에서 발견되며, 활발하게 비행한다. 5월 중순에서 6월 중순에 암적색 알을 낱개로 낳는다. 알은 1주일 만에 부화하며, 기주식물 줄기 내부를 가해한다. 연 1회 발생하는 것으로 알려졌다.

020

긴가슴잎벌레아과

홍점이마벼잎벌레

Lema (*Lema*) *dilecta* Baly, 1873

몸길이	3~4.2mm
출현시기	6~8월
분포	한국(중부, 남부), 일본
기주식물	사초류

전반적으로 청색이다. 정수리에 붉은색 무늬가 있으며 다리는 적갈색이다. 앞가슴등판에 매우 약한 점각이 있고 기부 앞과 중간 사이에 가로로 홈이 2줄 있다. 날개 점각은 11줄로 규칙적이고 강하며, 작은방패판 뒤쪽 점각은 다른 점각과 크기가 비슷하다. 생태에 관해서는 알려진 것이 없다.

021 적갈색긴가슴잎벌레

긴가슴잎벌레아과

Lema (*Lema*) *diversa* Baly, 1873

몸길이	5~6.2mm
출현시기	5~9월
분포	한국(전국), 일본, 중국
기주식물	닭의장풀

전체적으로 적갈색 또는 연갈색이며, 더듬이 및 다리는 검은색이다. 정수리에는 약한 점각이 있고 세로 홈이 있다. 앞가슴등판에 매우 약한 점각이 있다. 날개 점각은 11줄로 규칙적이며 강하다.

월동 성충은 4월 말 5월 초에 걸쳐 잎 위에 산란한다. 유충은 2주일 만에 종령이 되며, 땅속에 들어가 흰색 고치 속에서 번데기가 된다. 유충 기간은 약 3주일이며, 연 2~3회 나타나는 것으로 알려졌다.

022 등빨간남색잎벌레

긴가슴잎벌레아과

Lema (*Lema*) *scutellaris* (Kraatz, 1879)

몸길이	5.5~5.8mm
출현시기	5~8월
분포	한국(전국), 일본, 대만, 중국, 러시아
기주식물	닭의장풀

날개 기부 뒤와 끝 부근에 역삼각형 황갈색 무늬가 있다. 가운뎃다리 및 뒷다리 넓적다리마디 끝은 검은색이다. 앞가슴등판에는 매우 약한 점각이 있고 가운데와 기부 앞쪽 사이에는 가로 홈이 2개 있다. 날개 점각은 11줄로 규칙적이고 강하다. 생태에 관해서는 알려진 게 없다.

023 열점박이잎벌레

긴가슴잎벌레아과

Lema (*Microlema*) *decempunctata* (Gebler, 1829)

몸길이	4.5~5.8mm
출현시기	5~11월
분포	한국(전국), 일본, 중국, 러시아
기주식물	구기자나무

날개는 전반적으로 갈색이며 검은 무늬가 1~5개 있거나 아예 없는 경우도 있다. 앞가슴등판은 전체적으로 매우 강한 점각이 있고 기부와 중간 사이가 오목하다. 날개 점각은 11줄로 규칙적이다.

3월 말에 월동 성충이 구기자나무 잎을 가해하며, 4월 중하순에서 5월 초에 노란색 알을 10개씩 2열로 잎에 낳는다. 5월 중하순에 종령이 되어 땅속 흰색 고치 속에서 번데기가 된다. 연 4회 발생하는 것으로 추측된다.

024
긴가슴잎벌레아과

정박이큰벼잎벌레

Lema (Petauristes) adamsii Baly, 1865

몸길이	5.5~6mm
출현시기	5~9월
분포	한국(중부, 남부), 일본, 중국
기주식물	참마

전반적으로 황토색 또는 노란색이다. 머리에 2개, 가슴 및 날개에 4개씩 검은 점이 있으나 검고 넓은 무늬가 세로로 있는 경우도 있다. 날개 점각은 규칙적이며 점각열과 점각열 사이는 광택이 있고 매끈하나 가끔 옆면 점각열 사이는 융기된 경우도 있다.

월동 성충은 4월에 나타나며 활발하게 비행한다. 5월 중하순에 암적색 알을 잎에 낳는다. 종령 유충은 땅속에서 흰색 고치를 만들어 번데기가 된다. 산란에서 우화까지 4주 정도 걸리며, 연 1회 발생한다.

025
긴가슴잎벌레아과

주홍배큰벼잎벌레

Lema (*Petauristes*) *fortunei* Baly, 1859

몸길이	6~8.2mm
출현시기	5~8월
분포	한국(중부, 남부), 중국
기주식물	마, 참마, 국화마, 부채마

날개는 청색이고 머리, 가슴, 작은방패판은 붉은색이다. 중간 및 뒷가슴 복판은 붉은색이나 옆면은 검은색이다. 배는 적갈색이나 첫째 마디는 검은색이다. 앞가슴등판 가운데에 점각이 세로로 2줄 있고 전체적으로 미세한 점각이 있다. 날개 점각은 10줄로 규칙적이다. 생태에 관해서는 알려진 게 없다.

026

긴가슴잎벌레아과

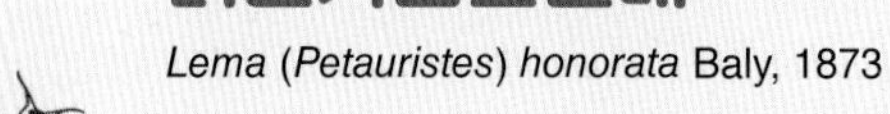

붉은가슴잎벌레

Lema (*Petauristes*) *honorata* Baly, 1873

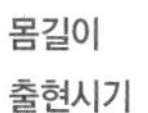

몸길이	5~6mm
출현시기	4~10월
분포	한국(중부, 남부, 북부), 일본, 중국, 대만
기주식물	참마, 마, 국화마, 부채마

날개와 작은방패판은 흑청색이다. 머리, 가슴은 암적색이다. 앞가슴복판 앞부분은 붉은색이나 옆면과 뒷가슴, 배는 검은색이다. 앞가슴등판 가운데에 점각이 세로로 1줄 있고 전체적으로 미세한 점각이 있다. 날개 점각은 10줄로 규칙적이다. 4월 중순에 월동 성충이 나타나 5월 중하순에는 참마 새싹에 등황색 알을 낳는다. 유충 등은 점액질 분비물로 뒤덮여 있으며, 야외에서는 10월까지 성충이 보인다. 연 1회 발생한다.

027

긴가슴잎벌레아과

갈색벼잎벌레

Oulema atrosuturalis (Pic, 1923)

몸길이 3~3.5mm
출현시기 5~9월
분포 한국(남부), 일본, 대만, 중국, 베트남, 태국
기주식물 왕바랭이, 강아지풀, 버드나무류 등

전체적으로 연갈색이며, 날개 봉합선과 가장자리는 부분적으로 검은색이다. 앞가슴등판 전방 및 측방에는 매우 강한 점각이 있고 기부 쪽에는 거의 점각이 없다. 가운데에는 점각이 2줄 있고 기부 홈은 분명하다. 날개 점각은 11줄이다.
월동 성충은 5월 중순에 나타나 6월에 알을 1개씩 낳는다. 종령 유충은 지표에 떨어진 다음 땅속에서 흰색 고치를 만들어 번데기가 된다. 연 3회 발생하며, 성충은 모두 10월 초에 월동에 들어간다.

028

긴가슴잎벌레아과

홍다리벼잎벌레

Oulema dilutipes (Fairmaire, 1888)

몸길이 2.8~3.1mm

출현시기 4~9월

분포 한국(남부), 일본, 중국

기주식물 조, 수수, 강아지풀 등

전체적으로 흑청색이나, 더듬이는 검은색이고 다리는 적갈색이다. 앞가슴등판은 전체적으로 미세한 점각이 조밀하게 있으며 가운데에는 강한 점각이 세로로 2~3줄 있다. 기부에는 점각이 조밀하게 있으며 기부 홈은 분명하지 않다. 날개 점각은 강하고 규칙적이다.

월동 성충이 4월 중순부터 강아지풀에서 나타나며, 노숙 유충은 7월 중하순에 지표나 땅속에 흰색 고치를 만들고 번데기가 된다. 약 1주일 뒤 성충이 우화해 10월 말까지 활동하며, 11월에 잡초 뿌리 부근에서 월동한다.

029

긴가슴잎벌레아과

세줄박이벼잎벌레

Oulema erichsonii (Suffrian, 1841)

몸길이	4.3~4.8mm
출현시기	5~8월
분포	한국(중부, 남부), 일본, 중국, 러시아
기주식물	밀

전체적으로 흑청색이며 다리는 검은색이다. 앞가슴등판 가운데에 점각이 세로로 2~3줄 있다. 기부에는 미세한 점각이 조밀하게 있으며 전방 및 옆면 부근에는 비교적 큰 점각이 거칠게 있다. 생태에 관해서는 알려진 게 없다.

030 벼잎벌레

긴가슴잎벌레아과

Oulema oryzae (Kuwayama, 1931)

몸길이	4~4.5mm
출현시기	5~8월
분포	한국(전국), 일본, 대만, 중국, 몽골
기주식물	벼, 오리새, 줄 등

앞가슴등판은 적갈색이며 날개는 청색이다. 앞가슴등판 기부에 점각이 조밀하게 있고 기부 홈은 분명하지 않다. 날개 점각은 강하며 규칙적이다.

벼 해충으로 5월 중하순에 보리밭에서도 활동한다. 논 주변 지표에서 월동한 성충은 5월 중하순에 논에 나타나 6월 초에서 7월 말에 걸쳐 3~12개 알을 벼에 모아 낳는다. 종령 유충은 지표 또는 땅속에 흰색 고치를 만들어 번데기가 된다. 새로 나온 성충은 7월 말에서 8월 말에 활동하지만, 산란은 하지 않고 9월에 월동하는 것으로 알려졌다.

031

긴가슴잎벌레아과

노랑다리긴가슴잎벌레

Oulema tristis tristis (Herbst, 1786)

몸길이	3.5~4.5mm
출현시기	5~8월
분포	한국(북부, 남부), 일본, 중국, 몽골, 러시아, 유럽
기주식물	기장, 조

전체적으로 흑청색이나 다리는 적갈색이며, 배는 검은색이다. 앞가슴등판 점각은 전체적으로 조밀하게 있으나 옆면은 성기게 있다. 가운데에는 더욱 강한 점각이 1~2줄 있다. 기부에 있는 점각은 조밀하며 홈은 분명하지 않다. 날개 점각은 강하다. 생태에 관해서는 알려진 게 없다.

032

긴가슴잎벌레아과

북방긴가슴잎벌레

Oulema viridula (Gressitt, 1942)

몸길이	3.5~4.8mm
출현시기	5~9월
분포	한국(중부, 남부), 중국
기주식물	벼과 식물

전체적으로 흑청색이며 더듬이, 다리, 배는 검은색이다. 앞가슴등판 가운데에 강한 점각이 1줄 있다. 기부 점각은 조밀하다. 날개 점각은 강하며 점각열과 점각열 사이에는 미세한 점각이 있다. 생태에 관해서는 알려진 게 없다.

남생이잎벌레아과

Cassidinae

기주 선택성이 강해 단일종 식물을 먹는 종류(단식자)가 많으며, 초본류(메꽃과, 명아주과, 쑥과)나 키가 작은 관목(작살나무속)에 주로 서식한다. 몸 색깔이 변하는 곤충은 매우 드물며, 딱정벌레 가운데서도 몸 색깔이 갑작스럽게 변하는 종은 거의 없으나 남생이잎벌레류는 위협을 느끼면 방어목적으로 몸 색깔이 1분도 채 안 되어 변했다가 위협 요소가 사라지면 처음 색깔로 돌아온다. 알을 잎 아랫면에 독립적으로 낳거나 배설물로 덮어 위장하지만 대부분 알집이라고 부르는 덩어리 형태로 낳는다.

주로 성충으로 월동하며, 유충 기간에는 천적으로부터 몸을 보호하고자 허물과 배설물을 등에 지고 다니며 활동하는 종이 많다. 지고 다니는 배설물 모양은 다양하며 종이나 속을 구별하는 특징으로도 활용된다.

가시잎벌레류는 Leaf-Mining Leaf Beetle로 불리듯이 대다수 종이 유충 단계 때 먹이식물 잎에 굴을 파고 사는 잠엽성 곤충이다. 자유생활을 하는 일부 종의 유충은 식물의 성장점을 먹는다. 어떤 종들은 잠엽성에서 잎 표면으로 나와 자유롭게 활동하는 등 생활사를 바꾸기도 한다. 대다수 종이 벼과, 닭의장풀과, 천남성과, 생강과, 사초과 등 외떡잎식물을 먹지만 일부 참나무과, 피나무과, 국화과 등과 같은 쌍떡잎식물을 먹기도 한다.

033

남생이잎벌레아과

금자라남생이잎벌레

Aspidomorpha difformis (Motschulsky, 1861)

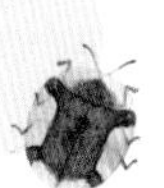

몸길이	6.4~8.5mm
출현시기	5~9월
분포	한국(전국), 일본, 중국, 러시아
기주식물	메꽃

적갈색 또는 흑갈색이다. 작은방패판 바로 뒤에 예리하게 파인 곳이 있다. 어깨 및 뒤쪽 가장자리에는 암갈색 띠무늬가 있다. 날개 점각은 균일하게 열을 이룬다. 생태에 관해서는 알려진 게 없다. Kimoto는 본 종을 *A. indica* Boheman, 1854와 동일종으로 분류하고 있다.

034

남생이잎벌레아과

모시금자라남생이잎벌레

Aspidomorpha transparipennis (Motschulsky, 1861)

몸길이 5.6~7.1mm
출현시기 5~9월
분포 한국(전국), 일본, 중국, 러시아
기주식물 메꽃

적갈색 또는 흑갈색이다. 작은방패판 바로 뒤에 튀어나온 곳이 없다. 어깨 및 뒤쪽 가장자리에 암갈색 띠무늬가 있다. 날개 점각은 균일하게 열을 이룬다.

4월 말에 월동 성충이 나타나 5월 상순에서 8월 상순에 산란하며, 성충은 11월에 낙엽 속에서 월동한다. 연 2회 발생한다.

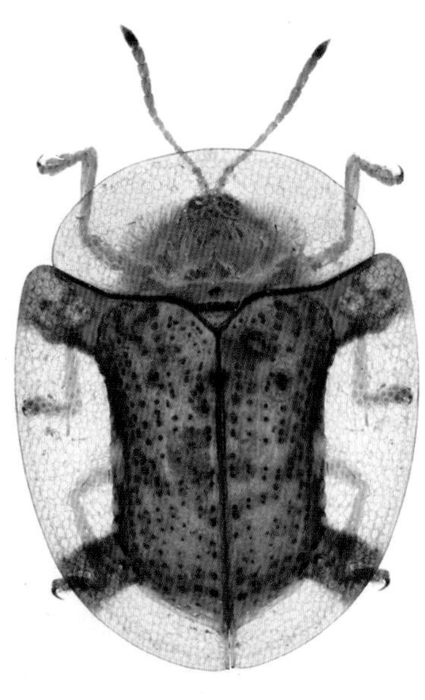

035

남생이잎벌레아과

애꼽추남생이잎벌레

Cassida (Alledoya) koreana Borowiec et Cho, 2011

몸길이	4.2~5.2mm
출현시기	5~6월
분포	한국(중부, 남부)
기주식물	정보 부족

앞가슴등판은 암갈색에서 적갈색이며 기부에 검은 반점이 3개 있다. 날개는 검은색 또는 흑갈색이나 옆 가장자리는 밝은 황갈색이다. 작은방패판 뒤쪽은 원추형으로 돌출했으며 연갈색이다. 생태에 관해서는 알려진 게 없다.

036

남생이잎벌레아과

꼽추남생이잎벌레

Cassida (Alledoya) vespertina Boheman, 1862

몸길이	4.7~6.7mm
출현시기	5~6월
분포	한국(제주도), 일본, 대만, 중국, 몽골, 러시아
기주식물	사위질빵, 할미질빵, 갯메꽃

앞가슴등판은 암갈색에서 적갈색이며, 날개는 검은색 또는 흑갈색이나 옆 가장자리는 밝은 황갈색이다. 앞가슴등판에는 가운데를 제외하고 매우 큰 점각이 있다. 작은방패판 뒤쪽은 원추형으로 돌출했으며 검은색이다.

월동 성충은 4월 말경 나타나 5월 초부터 알을 1개씩 2층짜리 적갈색 막에 싸 잎 표면에 낳고 그 위를 배설물로 약간 덮는다. 유충은 5~7월에 나타나며 종령 유충은 배설물 덩어리를 덮어쓴 상태로 잎 표면에서 번데기가 된다. 알, 유충 기간은 각각 3~4일, 3주일 정도이다. 연 1회 발생한다.

037

남생이잎벌레아과

적갈색남생이잎벌레

Cassida (Cassida) fuscorufa Motschulsky, 1866

몸길이	5.5~6.2mm
출현시기	5~10월
분포	한국(전국), 일본, 대만, 중국
기주식물	쑥, 머위

암적갈색이다. 앞가슴등판에는 매우 강한 점각과 주름이 있고, 옆면은 넓고 오목하며 가운데는 볼록하다. 날개 점각은 강하고 불규칙하지만 부분적으로 규칙적인 경우도 있다.

월동 성충은 4월 말에 나타나 5월 중순에 알을 1개씩 2층짜리 막으로 둘러싸 잎 표면에 낳은 후, 배설물로 감싼다.

038

남생이잎벌레아과

Cassida (*Cassida*) *japana* Baly, 1874

몸길이 4.9~5.8mm

출현시기 6~9월

분포 한국(중부, 남부), 일본, 러시아, 필리핀, 인도네시아

기주식물 명아주

전체적으로 적갈색이다. 날개에 약한 검은 반점이 있으나 애남생이잎벌레처럼 가장자리 후방부 1/3 부근에 옆으로 난 검은 무늬는 없다. 앞가슴등판에는 강하고 거친 점각과 주름이 있다. 날개에 강하고 규칙적인 점각과 융기선이 있다. 애남생이잎벌레보다 둥글다. 생태에 관해서는 알려진 게 없다.

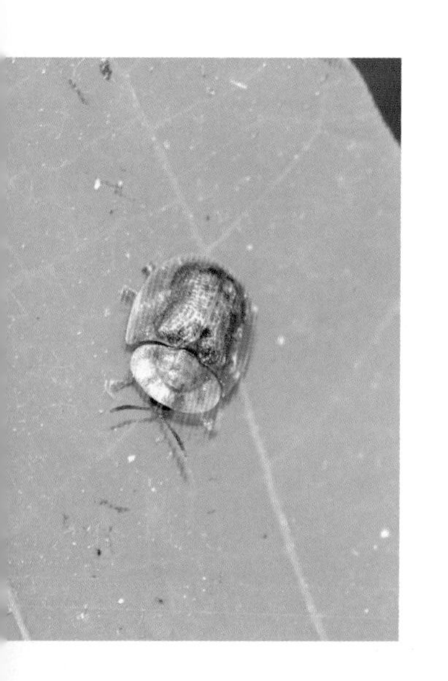

039

남생이잎벌레아과

줄남생이잎벌레

Cassida (Cassida) lineola Creutzer, 1799

몸길이	5.7~8.7mm
출현시기	5~8월
분포	한국(전국), 일본, 대만, 중국, 몽골, 러시아(시베리아), 유럽
기주식물	쑥류

전체적으로 적갈색이며 날개 봉합부와 약 6개인 무늬는 검은색이다. 앞가슴등판에는 강한 점각이 있다. 날개 옆면에는 강한 점각이 불규칙하게 있고, 가운데에 있는 점각은 부분적으로 규칙적이다. 생태에 관해서는 알려진 게 없다.

040

남생이잎벌레아과

민남생이잎벌레

Cassida (*Cassida*) *mandli* Spaeth, 1921

몸길이	6~7mm
출현시기	5~7월
분포	한국(전국), 중국, 러시아
기주식물	쑥

갈색에서 황갈색까지 다양하다. 앞가슴등판에는 거친 점각이 있다. 앞가슴등판 기부와 날개 기부 사이는 결합되지 않고 틈이 있다. 날개에 강하지 않은 점각이 있고 미세한 털이 있다. 넓적다리마디는 전체적으로 연갈색이다. 생태에 관해서는 알려진 게 없다.

041 남생이잎벌레

남생이잎벌레아과

Cassida (Cassida) nebulosa Linnaeus, 1758

몸길이	6.3~7.2mm
출현시기	6~9월
분포	한국(전국), 일본, 중국, 몽골, 러시아, 유럽
기주식물	명아주, 흰명아주, 근대

황갈색 바탕에 미세한 검은 무늬가 있다. 앞가슴등판에는 매우 강한 점각이 있고, 가운데는 볼록하며, 옆은 오목하다. 날개에 강한 점각이 규칙적으로 있다.

월동 성충은 4월에 나타나며, 5월 중하순에 15~20개 알을 3층으로 쌓아 낳고 2층짜리 막으로 둘러싸나 배설물은 붙이지 않는다.

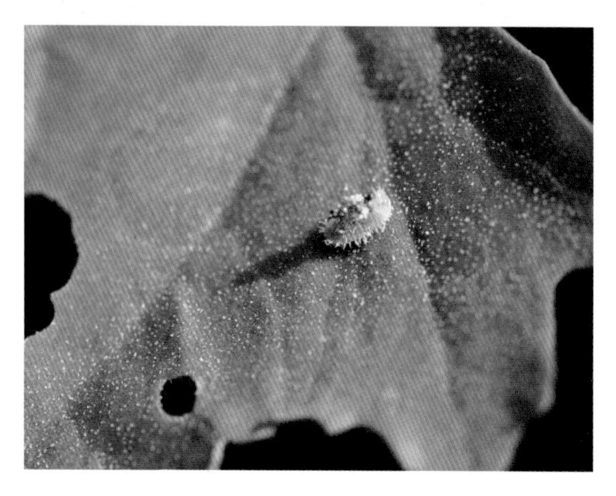

042

남생이잎벌레아과

노랑가슴남생이잎벌레

Cassida (Cassida) pallidicollis Boheman, 1856

몸길이	5.6~6.5mm
출현시기	6~8월
분포	한국(전국), 중국, 몽골, 러시아
기주식물	명아주류, 고마리

앞가슴등판은 암갈색이며 날개는 검정색이다. 앞가슴등판에는 강하고 거친 점각이 있다. 날개는 매우 볼록하며, 강한 점각이 규칙적으로 있다. 작은방패판 뒤쪽은 넓게 평탄하고 융기선이 있다. 생태에 관해서는 알려진 게 없다.

043

남생이잎벌레아과

애남생이잎벌레

Cassida (Cassida) piperata Hope, 1842

몸길이	5~5.5mm
출현시기	4~10월
분포	한국(전국), 일본, 대만, 중국, 러시아, 필리핀, 인도네시아
기주식물	쇠무릎, 명아주, 개비름, 닭의장풀

전체적으로 적갈색이다. 대체로 날개에 불규칙한 검은 무늬가 있으나 없는 경우도 있다. 가장자리 뒤쪽에 검은 무늬가 없는 경우도 있다. 앞가슴등판에는 강하고 거친 점각과 주름이 있다. 날개에 강하고 규칙적인 점각과 융기선이 있다.
월동 성충은 4월 중순에 나타나 5월 중순부터 2층짜리 막으로 싼 알을 1개씩 낳는다. 알, 유충, 번데기 기간은 각각 7일, 21일, 9일 정도이다. 연 2회 발생한다.

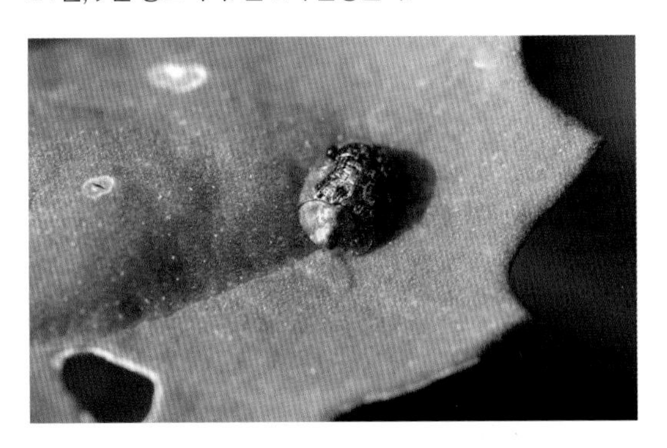

044

남생이잎벌레아과

청남생이잎벌레

Cassida (Cassida) rubiginosa rubiginosa Müller, 1776

몸길이	7~8.5mm
출현시기	5~7월
분포	한국(전국), 일본, 중국, 몽골, 러시아(시베리아), 유럽
기주식물	엉겅퀴, 터리풀

적갈색 또는 녹갈색이다. 앞가슴등판에는 강한 점각이 균일하게 있다. 날개에 강한 점각이 불규칙하게 있다.
월동 성충은 4월 초에 나타나며, 5월 중하순에 2층짜리 막으로 둘러싼 알을 1~9개씩 잎 표면에 낳고 배설물로 덮는다. 유충은 등에 탈피각과 배설물을 지고 다니며, 잎에서 번데기가 된다. 연 1회 발생한다.

045

남생이잎벌레아과

스페트남생이잎벌레

Cassida (Cassida) spaethi Weise, 1900

몸길이	6.5~7mm
출현시기	7~8월
분포	한국(북부, 중부), 중국, 몽골, 러시아
기주식물	쑥류

갈색을 띤 노란색 또는 초록색이다. 앞가슴등판에는 점각이 불규칙하게 있다. 날개에 크고 강한 점각이 있고 점각열과 점각열 사이에 미세한 털이 없다. 생태에 관해서는 알려진 게 없다.

046

남생이잎벌레아과

명아주남생이잎벌레

Cassida (*Cassidulella*) *nobilis* Linnaeus, 1758

몸길이	4.2~5.7mm
출현시기	6월
분포	한국(전국), 일본, 중국, 몽골, 러시아
기주식물	명아주

황갈색이다. 앞가슴등판에는 약한 점각이 성기게 있다. 날개 점각은 비교적 규칙적이며 약하다. 넓적다리마디는 끝 부근 절반을 제외하고 검은색이다. 생태에 관해서는 알려진 게 없다.

047

남생이잎벌레아과

꼬마남생이잎벌레

Cassida (Cassidulella) velaris Weise, 1896

몸길이	4.8~5.2mm
출현시기	3~8월
분포	한국(전국), 중국, 러시아
기주식물	정보 부족

연갈색이다. 앞가슴등판에는 거친 점각이 조밀하게 있다. 날개는 매우 볼록하며, 강한 점각이 불규칙하게 있다. 넓적다리마디는 기부 부근을 제외하고 검은색이다. 생태에 관해서는 알려진 게 없다.

048

남생이잎벌레아과

좀남생이잎벌레

Cassida (Cassidulella) vittata Villers, 1789

몸길이	5.6~6.5mm
출현시기	5월
분포	한국(중부, 남부), 일본, 중국, 러시아, 유럽
기주식물	정보 부족

황갈색이다. 앞가슴등판에는 강한 점각이 균일하게 있다. 날개는 매우 볼록하며, 강한 점각이 불규칙하게 있다. 넓적다리마디는 거의 전체가 연갈색이다. 생태에 관해서는 알려진 게 없다.

049

우수리남생이잎벌레

남생이잎벌레아과

Cassida (*Mionycha*) *concha* Solsky, 1872

몸길이	4~5mm
출현시기	7~8월
분포	한국(전국), 일본, 중국, 러시아
기주식물	정보 부족

황갈색이다. 앞가슴등판은 가장자리를 제외하고 큰 점각이 있다. 날개는 매우 볼록하며 강한 점각이 규칙적으로 열을 이룬다. 발톱은 짧아서 마지막 마디에 난 털에 덮인다. 생태에 관해서는 알려진 게 없다.

050 박하남생이잎벌레

남생이잎벌레아과

Cassida (Odontionycha) viridis Linnaeus, 1758

몸길이	7.2~9mm
출현시기	5~10월
분포	한국(전국), 중국, 러시아, 유럽
기주식물	쑥, 박하, 쉽싸리

살아 있을 때는 초록색이나 표본은 갈색 또는 갈색을 띠는 초록색이다. 앞가슴등판에는 크고 작은 점각이 있고, 기부 옆은 넓게 둥글다. 날개는 작은방패판 뒤쪽에서 매우 볼록하게 발달했으며, 점각은 아주 불규칙하고 뚜렷하지 않다. 생태에 관해서는 알려진 게 없다.

051

남생이잎벌레아과

닻무늬남생이잎벌레

Cassida (Taiwania) sigillata (Gorham, 1885)

몸길이	6.5~7mm
출현시기	5~9월
분포	한국(전국), 일본, 대만, 중국
기주식물	방아풀

전체적으로 어두운 적황색이나 가장자리는 밝은 노란색이다. 앞가슴등판은 가운데를 제외하고 강한 점각이 있다. 날개는 매우 볼록하며 융기한 곳이 있으며, 점각은 매우 성기게 나 있다. 생태에 관해서는 알려진 게 없다.

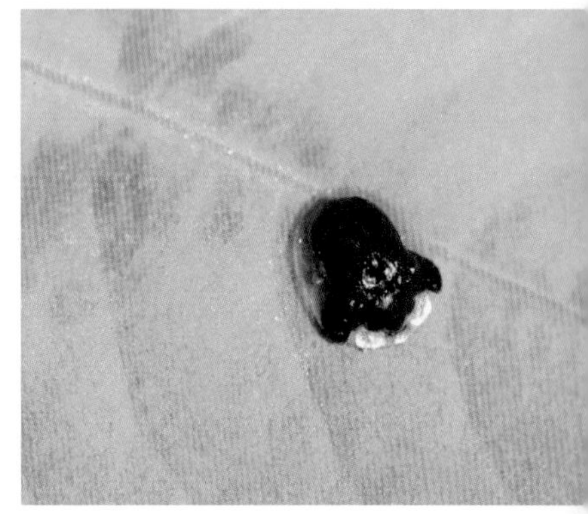

052
남생이잎벌레아과

엑스자남생이잎벌레

Cassida (Taiwania) versicolor (Boheman, 1855)

몸길이	5.3~6.2mm
출현시기	5~8월
분포	한국(전국), 일본, 대만, 중국, 베트남, 미얀마, 러시아
기주식물	벚나무, 사과나무, 배나무

암적갈색에서 검은색이다. 앞가슴등판은 날개 기부보다 좁고 가운데에 미세한 점각이 있다. 날개에 광택이 돌고 가운데에 X자 융기선이 있으며, 뒤 가장자리에 검은 무늬가 가로로 나 있다.

월동 성충은 4월 중순에 나타나 4월 말에 알을 1개씩 2층짜리 막으로 싸서 잎 표면에 낳으며, 배설물을 약간 칠한다. 종령 유충은 탈피각을 붙인 상태로 잎에서 번데기가 된다. 새로운 성충은 5월 중순에서 6월 상순에 나타난다.

053
남생이잎벌레아과

남생이잎벌레붙이

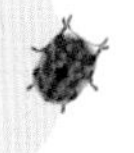

Glyphocassis spilota spilota (Gorham, 1885)

몸길이	4.6~5mm
출현시기	5~9월
분포	한국(전국), 일본, 중국
기주식물	메꽃, 고구마

적갈색 또는 연노랑 바탕에 검은 무늬가 있다. 앞가슴등판에는 가운데를 제외하고 크고 작은 점각이 있다. 날개에 부분적으로 규칙적인 점각열이 있다. 생태에 관해서는 알려진 게 없다.

054

남생이잎벌레아과

메꽃남생이잎벌레(신칭)

Hypocassida subferruginea (Schrank, 1776)

몸길이	4.6~5.9mm
출현시기	8월
분포	한국(중부; 한국미기록), 영국, 모로코 등 구북구 횡단 전역
기주식물	서양메꽃, 메꽃, 톱풀류

전체적으로 암적갈색이나 앞가슴등판과 날개가 만나는 좁은 가장자리는 검은색이다. 앞가슴등판은 날개 기부보다 훨씬 좁고, 주름과 큰 점각이 있다. 날개에 융기선 4개와 강한 점각이 불규칙하게 있다. 생태에 관해서는 알려진 게 없다.

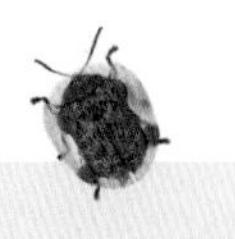

055

남생이잎벌레아과

큰남생이잎벌레

Thlaspida biramosa biramosa (Boheman, 1855)

몸길이 7.8~8.5mm
출현시기 5~8월
분포 한국(전국), 일본, 대만, 중국, 인도네시아, 미얀마, 인도
기주식물 쇠물푸레, 좀작살나무, 새비나무

황갈색에서 암적갈색이며, 날개와 뒤 가장자리에 검은 무늬가 있다. 앞가슴등판 가운데에 미세한 점각이 있다. 날개 점각은 규칙적으로 열을 이루고 작은 점각을 중심으로 검고 둥근 무늬가 있다. 점각열과 점각열 사이는 점각 크기보다 훨씬 넓다.
월동 성충은 4월 중순에 나타나고, 알을 1개씩 알주머니에 싸 잎 뒷면에 낳는다. 유충은 5~6월에 탈피각에 배설물을 붙인 큰 덩어리를 뒤집어쓰고 생활한다. 4령 유충은 배설물 덩어리를 쓴 상태로 잎에서 번데기가 된다. 연 1회 발생한다.

056

남생이잎벌레아과

루이스큰남생이잎벌레

Thlaspida lewisii (Baly, 1874)

몸길이 5.2~6.8mm
출현시기 5~8월
분포 한국(전국), 일본, 러시아
기주식물 쇠물푸레, 이팝나무, 들메나무, 쥐똥나무

적갈색에서 암적갈색이며, 날개 앞뒤 가장자리에 적갈색 무늬가 있다. 앞가슴등판은 광택이 있고 가운데에 점각이 성기게 있다. 날개는 볼록하며 작은방패판 뒤에 돌기부가 있으며, 점각은 규칙적으로 열을 이루고 작은 점각을 중심으로 적갈색 둥근 무늬가 있다.
5월 초 월동한 성충이 5월 중순에 알을 갈색 알주머니에 1개씩 넣어 잎 뒷면에 낳는다. 알주머니에 배설물은 바르지 않는다. 유충은 5월 중순에서 7월 중순에 탈피각에 배설물을 붙인 큰 덩어리를 뒤집어쓰고 생활한다. 5령 유충은 배설물 덩어리를 쓴 상태로 잎에서 번데기가 된다. 연 1회 발생한다.

057

남생이잎벌레아과

안장노랑테가시잎벌레

Dactylispa (*Platypriella*) *excisa excisa* (Kraatz, 1879)

몸길이	4.2~4.6mm
출현시기	4~10월
분포	한국(전국), 중국
기주식물	정보 부족

검은색이다. 앞가슴등판 앞쪽에 2개, 옆쪽에 4개씩 가시가 있다. 날개는 앞뒤로 매우 넓고, 규칙적인 점각열과 크고 작은 돌기 4개가 있다. 날개 옆 가시는 넓고 납작하며 삼각형이다. 생태에 관해서는 알려진 게 없다.

058

남생이잎벌레아과

사각노랑테가시잎벌레

Dactylispa (*Platypriella*) *subquadrata subquadrata* (Baly, 1874)

몸길이	4.5~5.6mm
출현시기	5~6월
분포	한국(중부, 남부), 일본, 중국
기주식물	졸참나무

검은색이다. 앞가슴등판 앞쪽에 2개, 옆쪽에 3개씩 가시가 있다. 날개에 강하고 규칙적인 점각과 돌기부가 있다. 날개 가장자리 앞 융기부 가시는 폭보다 길지 않은 삼각형이다. 날개 끝 가시는 뭉툭하다.

월동 성충은 5월 중하순에 알을 1개씩 잎 끝에 낳는다. 유충이 잎에 굴을 파며 가해한 모양은 넓은 선 같다. 유충은 잠엽 상태로 성장하며, 7월 중후반에 번데기가 되고 며칠 뒤 우화한다.

059 노랑테가시잎벌레

남생이잎벌레아과

Dactylispa (*Triplispa*) *angulosa* (Solsky, 1872)

몸길이	3.3~5.2mm
출현시기	5~10월
분포	한국(전국), 일본, 중국, 러시아
기주식물	머위, 쑥부쟁이, 산박하, 꿀풀, 벚나무, 졸참나무 등

전체적으로 암적황색이나 등의 돌출부는 검은색이다. 앞가슴등판은 가운데가 솟았고, 가시가 앞쪽에 1쌍, 옆쪽에 2~3개씩 있다. 날개에 강하고 규칙적인 점각열과 돌기 12~13개가 있다. 날개 옆쪽은 부풀었고 가시가 15~28개 있다. 생태에 관해서는 알려진 게 없다.

▶ 과거에 큰노랑테가시잎벌레(*D. masonii* Gestro, 1923)로 알려졌으나 노랑테가시잎벌레와 같은 종으로 취급하고 있다. 국내 채집 개체들은 노랑테가시잎벌레에 비해 크다.

060 우리노랑테가시잎벌레

남생이잎벌레아과

Dactylispa (*Triplispa*) *koreana* An, Kwon et Lee, 1985

몸길이	5.5mm
출현시기	5월
분포	한국(중부, 남부)
기주식물	정보 부족

전체적으로 적갈색이나 날개 돌출물은 검은색이다. 앞가슴등판 앞쪽에 2개, 옆쪽에 5개씩 가시가 있다. 날개는 양 끝 돌기부를 제외하고는 큰 점각이 세로로 규칙적으로 배열되어 있다. 날개 옆 가시는 길고 짧은 것이 각각 11개씩 교대로 있다. 생태에 관해서는 알려진 게 없다.

061

참가시잎벌레

남생이잎벌레아과

Hispellinus chinensis Gressitt, 1950

몸길이	3.5~5mm
출현시기	5~8월
분포	한국(전국), 중국
기주식물	억새류

광택이 있는 검은색이다. 앞가슴등판 가시 가운데 특히 앞쪽 가시는 다소 비스듬하게 위로 향했다. 옆쪽에는 가시가 각각 2개 및 1개씩 있는데 크기와 모양이 비슷하다. 날개에 강한 점각과 가장자리 가시 21~24개가 있다. 생태에 관해서는 알려진 게 없다.

062

남생이잎벌레아과

가시잎벌레

Hispellinus moerens (Baly, 1874)

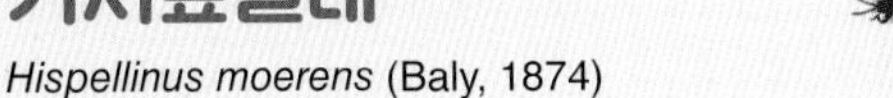

몸길이	3.2~4.9mm
출현시기	6~9월
분포	한국(남부), 일본, 중국, 러시아
기주식물	억새류

광택이 있는 검은색이다. 앞가슴등판 가시 가운데 특히 앞쪽 가시는 거의 수평이다. 날개에 강하고 규칙적인 점각과 옆면 가장자리 가시 18~26개가 있다.

* 참가시잎벌레와 가시잎벌레는 앞가슴등판 가시가 각각 거의 위로 향하거나 수평이라는 점 말고는 형태 차이가 없다. 수컷 생식기 형태에서도 차이가 나지 않는다. 따라서 우리나라에서 보이는 두 종은 같은 종으로 판단되며, 참가시잎벌레가 가시잎벌레의 동물 이명일 가능성이 높다.

063

남생이잎벌레아과

검정가시잎벌레

Rhadinosa nigrocyanea (Motschulsky, 1860)

몸길이	4.2~4.5mm
출현시기	5~10월
분포	한국(전국), 일본, 중국, 러시아
기주식물	참억새

광택이 있는 검은색이다. 앞가슴등판 앞쪽에는 2개, 옆쪽에는 각각 2개 및 1개씩 가시가 있다. 날개에 강하고 규칙적인 점각과 크고 작은 돌기가 있다. 옆면에 가시가 22~23개 있다. 생태에 관해서는 알려진 게 없다.

064

남생이잎벌레아과

지아잎벌레(신칭)

Leptispa jia An, n. sp.

몸길이	4.5mm
출현시기	5월
분포	한국(남부, 신종)
기주식물	정보 부족

광택이 있는 검은색이며 몸 폭은 1.5mm이다. 머리 표면은 아주 미세한 주름으로 덮여 있고, 크고 작은 2종류 점각이 있으며, 큰 점각은 앞가슴등판 점각과 비슷한 크기이다. 작은방패판에는 점각이 없다. 앞가슴등판에는 크고 작은 점각이 불규칙하게 있고 미세한 주름이 전체적으로 있으며, 뒤쪽 모서리는 뾰족하다. 날개에 강한 점각이 규칙적으로 10줄 있고, 점각열과 점각열 사이에 작은 점각이 있다. 날개 끝 부근은 매끈하게 둥글며 날개 봉합선 끝 부근은 뭉툭하다. 생태에 관해서는 알려진 게 없다.

HOLOTYPE

잎벌레아과

Chrysomelinae

버드나무과, 자작나무과, 마디풀과, 십자화과, 콩과, 아욱과, 미나리과, 가지과, 국화과, 협죽도과, 남가새과, 박주가리과 등을 선호한다. 식물을 먹는 전형적인 식식자이지만 버들꼬마잎벌레를 비롯해 일부는 알에서 먼저 부화한 유충이 아직 부화하지 않은 같은 종의 알을 먹는 동종포식 습성이 있다. 버들꼬마잎벌레 유충은 동심형 형태를 유지해 천적을 방어하는 행동을 보인다. 잎벌레속에서는 많은 종이 다른 종들과 짝짓기해 잡종이 태어나는 것으로 알려져 있다. 이것은 2종이 같은 먹이식물에서 생활하기 때문인 것으로 추정된다.

종에 따라 기주식물 잎 윗면이나 아랫면 또는 줄기에 알을 1개씩 또는 수십 개씩 낳거나, 불규칙한 열 형태로 낳기도 한다. 수염잎벌레류는 마른 줄기에 불규칙한 열을 이루면서 알을 낳는다. 버들꼬마잎벌레는 버드나무류 잎 뒷면에 알을 세워서 수십 개씩 모아 낳는다. 좀남색잎벌레 역시 기주식물 잎 뒷면에 알을 똑바로 또는 비스듬하게 세워서 수십 개씩 겹쳐서 낳는다. 좁은가슴잎벌레속은 잎을 파서 작은 구멍을 내고 그 안에 알을 낳는다. 분비물로 막지는 않지만 이렇게 하면 노출된 것보다는 알이 천적 눈에 덜 띈다.

065 사시나무잎벌레

잎벌레아과

Chrysomela (Chrysomela) populi Linnaeus, 1758

몸길이	10~12mm
출현시기	4~9월
분포	한국(전국), 일본, 중국, 몽골, 러시아(시베리아), 인도, 서부 아시아, 유럽
기주식물	버드나무, 황철나무

앞가슴등판은 청록색이고, 날개는 황갈색이며 끝에 작은 녹청색 무늬가 있다. 앞가슴등판 가운데에 매우 미세한 점각이 있고 옆면에는 강한 점각이 있다. 날개에 비교적 작은 점각이 불규칙하게 있고 가장 바깥에는 점각열이 1줄 있다.

월동 성충은 5월 말에 나타나고, 등황색에 가늘고 긴 알을 잎 표면에 뭉쳐서 낳는다. 유충은 6~7월에, 성충은 5~9월에 보인다.

066

잎벌레아과

무산잎벌레

Chrysomela (Chrysomela) tremula tremula Fabricius, 1787

몸길이	7~10mm
출현시기	4~9월
분포	한국(전국), 일본, 중국, 몽골, 러시아, 유럽, 북미
기주식물	버드나무, 황철나무

머리, 더듬이, 앞가슴등판, 다리 및 배는 흑청색이다. 날개는 적갈색이며 끝에 검은 반점이 없다. 앞가슴등판 옆면 가장자리는 거의 평행하지만 중앙 앞 부근에서 약간 넓어진다. 앞가슴등판 옆면은 길게 세로로 솟았고 솟은 부위와 가운데 사이에는 세로로 오목하고 강한 점각이 있다. 날개에 비교적 작은 점각이 불규칙하게 있고 가장 바깥에는 점각열이 2줄 있다. 생태에 관해서는 알려진 게 없다.

067
잎벌레아과

청보라잎벌레

Chrysomela (Strickerus) cuprea Fabricius, 1775

몸길이	7.4~10.2mm
출현시기	7월
분포	한국(중부), 일본, 몽골, 러시아(시베리아), 유럽
기주식물	호랑버들

자청색이다. 앞가슴등판 가운데에는 미세한 홈이 있고 옆면에는 강한 점각이 있다. 날개 점각은 강하고 불규칙하며 점각과 점각 사이는 솟았다. 생태에 관해서는 알려진 게 없다.

068

잎벌레아과

버들잎벌레

Chrysomela (*Strickerus*) *vigintipunctata vigintipunctata* (Scopoli, 1763)

몸길이	6.8~8.5mm
출현시기	4~6월
분포	한국(전국), 일본, 중국, 대만, 몽골, 러시아(시베리아), 유럽
기주식물	버드나무류

앞가슴등판은 연갈색 가장자리를 제외하고 검은색이다. 날개는 대체로 황갈색 바탕에 검은 반점이 10개 있으나 반점이 없는 경우, 암청색인 경우도 있다. 앞가슴등판 가운데 점각은 작고 옆면 점각은 크다. 날개 점각은 크고 규칙적이다.

3월 말에 월동 성충이 나타나, 4월 중순에 담녹색 가늘고 긴 알을 잎 표면에 경사지게 쌓아 올려 낳는다. 유충은 4월 중하순에 관찰되며, 새로운 성충은 4월 말에 나타난다.

069
잎벌레아과

무잎벌레(신칭)

Colaphellus bowringii (Baly, 1865)

몸길이	4.9~5.2mm
출현시기	6월
분포	한국(중부; 한국미기록), 중국, 베트남
기주식물	무, 배추, 냉이, 부추, 상추 등

어두운 남색이다. 앞가슴등판 가운데 점각은 성기지만 가장자리 점각은 크고 조밀하다. 날개 점각은 크고 불규칙하다. 점각과 점각 사이는 살짝 솟았다. 성충으로 토양 속에서 여름과 겨울에 휴면한다. 중국에서는 배추, 무 등 채소류에 큰 피해를 주는 해충이다.

070 호두나무잎벌레

잎벌레아과

Gastrolina thoracica Baly, 1864

몸길이	6.5~8.3mm
출현시기	4~7월
분포	한국(전국), 일본, 중국, 러시아
기주식물	왕가래나무, 가래나무, 호두나무

전체적으로 검은색이나 날개는 자청색이다. 앞가슴등판 가운데는 검은색이고, 옆면은 암적갈색이 많지만 때로 전체가 적갈색인 경우도 있다. 앞가슴등판은 앞쪽으로 넓어지고, 가운데에는 약한 점각, 옆면에는 큰 점각이 있다. 날개 점각은 매우 강하고 불규칙하며 주름도 있다.

4월 말에 월동 성충이 나타나, 5월 상순에 희고 가늘고 긴 알을 가래나무 잎에 낳는다. 새로운 성충은 6~7월에 관찰되고, 연 1회 발생한다.

071

잎벌레아과

개암나무잎벌레

Gastrolinoides japonica (Harold, 1877)

몸길이	4.9~6mm
출현시기	5~6월
분포	한국(남부), 일본
기주식물	개암나무

노란색을 띠는 갈색이다. 머리, 더듬이, 넓적다리마디 기부, 발목마디는 검은색이다. 앞가슴등판에는 점각이 불규칙하게 있고, 옆면 점각은 약간 크다. 날개는 비교적 납작하며 점각이 불규칙하게 있고 점각열과 점각열 사이는 살짝 솟았다. 생태에 관해서는 알려진 게 없다.

072

잎벌레아과

좀남색잎벌레

Gastrophysa (Gastrophysa) atrocyanea
Motschulsky, 1860

몸길이	5.2~5.8mm
출현시기	3~6월
분포	한국(전국), 일본, 중국, 대만, 베트남, 러시아
기주식물	참소리쟁이, 토황, 수영, 애기수영, 싱아

자주색 광택이 있는 흑청색이다. 앞가슴등판에는 강한 점각이 있으나 없는 부분도 있다. 날개는 매우 볼록하며, 강한 점각이 불규칙하게 있고 주름도 있다.

월동 성충은 3월 말에 나타나, 참소리쟁이 잎 뒷면에 황백색 알을 뭉쳐서 낳는다. 부화한 유충은 집단으로 먹으며, 2회 탈피한 뒤 땅속에 들어가 번데기가 된다. 4~5월에 새 성충이 나타나 섭식한 후, 휴면 상태로 월동한다.

073
잎벌레아과

강계잎벌레

Gastrophysa (Gastrophysa) polygoni elongata Jolivet, 1951

몸길이	4~4.8mm
출현시기	8월
분포	한국(중부), 중앙아시아, 소아시아, 코카서스, 유럽, 북미
기주식물	마디풀, 나도닭의덩굴, 수영

전체적으로 적갈색이며 날개는 청색이다. 앞가슴등판에는 약한 점각이 있으나 없는 부분도 있다. 작은방패판에는 점각이 없으며, 날개에 불규칙한 점각이 있다. 생태에 관해서는 알려진 게 없다.

074

잎벌레아과

좁은가슴잎벌레

Phaedon (Phaedon) brassicae Baly, 1874

몸길이 3.3~4mm
출현시기 5~9월
분포 한국(전국), 일본, 대만, 중국, 베트남
기주식물 미나리냉이, 배추, 무, 양배추, 갓, 속속이풀, 큰산장대

흑청색이다. 앞가슴등판은 볼록하며 점각이 있다. 날개는 매우 볼록하며, 점각은 11줄로 규칙적이고, 점각열과 점각열 사이에 미세한 점각이 거의 없어 매끈하다.

성충은 5월 말에 관찰되며, 6월 초에 줄기, 엽병에 상처를 내어 그 속에 알을 1개씩 낳는다. 알은 4일 정도가 지나면 부화하며, 2회 탈피한 뒤 성숙한다. 성충으로 월동하며 연 2~3회 발생한다.

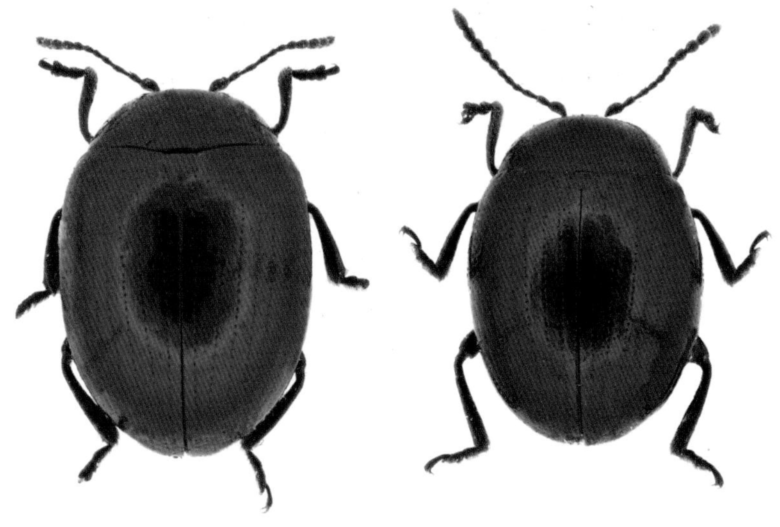

075

잎벌레아과

우리짝발잎벌레

Phratora (Phratora) koreana Takizawa, 1985

몸길이 3.6~4.2mm
출현시기 6~7월
분포 한국(중부), 일본
기주식물 호랑버들

흑청색, 동색, 녹색 광택을 띤다. 배 다섯째 마디 끝은 적갈색이고 더듬이는 검다. 앞가슴등판에는 미세한 점각이 있고 옆면 점각은 크다. 날개 점각열은 비교적 규칙적이고 점각열과 점각열 사이에는 크기가 불규칙한 점각이 있다. 생태에 관해서는 알려진 게 없다.

076

잎벌레아과

버들꼬마잎벌레

Plagiodera versicolora (Laicharting, 1781)

몸길이	3.3~4.4mm
출현시기	4~10월
분포	한국(전국), 일본, 대만, 중국, 러시아(시베리아), 인도, 유럽, 북아프리카
기주식물	버드나무류

약간 초록 광택이 있는 흑청색이다. 앞가슴등판은 살짝 볼록하고 미세한 점각이 있다. 날개는 매우 볼록하며 점각은 아주 불규칙하다.

4월 상순경 월동 성충이 나타나며, 5월 초 황백색에 가늘고 긴 알을 잎 표면에 세로로 낳는다. 부화한 유충은 집단생활을 하며, 2회 탈피한 유충은 식물 위에서 번데기가 된다.

077

잎벌레아과

참금록색잎벌레

Plagiosterna adamsii (Baly, 1864)

몸길이	6.5~8.5mm
출현시기	5~9월
분포	한국(전국), 중국
기주식물	오리나무, 사방오리, 물오리나무, 자작나무

머리는 흑청색, 앞가슴등판과 다리는 암적갈색이다. 날개는 청록색 또는 어두운 자주색이다. 앞가슴등판 가운데에 강한 점각들과 홈이 있다. 날개에 매우 강한 점각이 불규칙하게 있으며, 미세한 주름이 있다. 오리나무류에서 쉽게 관찰할 수 있다.

078

잎벌레아과

남색잎벌레

Plagiosterna aenea aenea (Linnaeus, 1758)

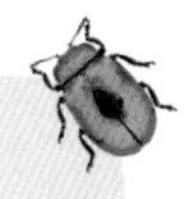

몸길이	6.8~8.4mm
출현시기	5~9월
분포	한국(전국), 일본, 러시아, 유럽
기주식물	오리나무, 사방오리, 물오리나무, 자작나무

금속광택을 띠는 초록색 또는 청록색 등이다. 앞가슴등판 가운데에는 강한 점각이 있다. 날개 점각은 매우 강하고 불규칙하다. 오리나무류에서 쉽게 관찰할 수 있으며, 기주식물 잎 뒷면에 알을 모아서 낳는다. 참금록색잎벌레와 같이 서식하기도 한다.

079

잎벌레아과

비단잎벌레

Ambrostoma (*Ambrostoma*) *koreana* Cho et Borowiec, 2013

몸길이	1.9~12.7mm
출현시기	4월
분포	한국(남부)
기주식물	느티나무

금속광택을 띠는 초록색 바탕에 자주색 또는 보라색 무늬가 있다. 앞가슴등판 뒷모서리는 예리하지 않고 가장자리 점각은 날개 점각과 크기가 비슷하다. 날개 점각은 2줄로 불규칙하며, 점각열과 점각열 사이에 작은 점각이 있다. 기부 1/4 부근에 파인 곳이 두 곳 있다.

낙엽이나 나무껍질 속에서 월동한 성충이 4월 초부터 느티나무에 집단으로 모이며, 성충과 유충은 느티나무 잎을 가해한다.

080 북방네눈박이잎벌레

잎벌레아과

Ambrostoma (Ambrostoma) quadriimpressum quadriimpressum (Motschulsky, 1845)

몸길이	8.5~11.5mm
출현시기	6~7월
분포	한국(북부), 중국, 몽골, 러시아
기주식물	느릅나무류

금속광택을 띠는 초록색 바탕에 자주색 또는 보라색 무늬가 있다. 앞가슴등판 뒷모서리는 예리하게 튀어나왔고, 가장자리에는 큰 점각이 있다. 날개에 점각 2줄이 불규칙하게 있고 점각열과 점각열 사이에 작은 점각이 있다. 기부 1/4 부근에 파인 곳이 두 곳 있다. 생태에 관해서는 알려진 게 없다.

081
잎벌레아과

쑥잎벌레

Chrysolina (Anopachys) aurichalcea
(Mannerheim, 1825)

몸길이	7~10mm
출현시기	4~11월
분포	한국(전국), 일본, 대만, 중국, 베트남, 라오스, 몽골, 러시아, 유럽
기주식물	쑥, 까실쑥부쟁이, 머위

흑청색 또는 적동색이다. 앞가슴등판 옆면에는 깊은 가로 홈이 1쌍 있고, 이 부근은 점각이 매우 강하다. 가운데에는 약한 점각이 있다. 날개에 점각이 조밀하고 불규칙하게 있다. 성충은 4월에서 11월에 활동하며, 갈색에 가늘고 긴 알을 먹이식물 뿌리 부근에 낳는다. 월동한 알은 3월 말에 부화한다. 유충 기간은 약 20일, 번데기는 7일이다.

082

잎벌레아과

우리쑥잎벌레

Chrysolina (Anopachys) koreana Chûjô, 1941

몸길이 6~8mm
출현시기 6~9월
분포 한국(중부, 남부)
기주식물 정보 부족

전체가 자주색이지만 날개가 동색인 경우도 있다. 앞가슴등판에는 미세한 점각이 있고 옆면 점각은 보다 크다. 날개에 크고 작은 점각이 조밀하고 불규칙하게 있고 점각과 점각 사이는 솟았다. 생태에 관해서는 알려진 게 없다.

083
잎벌레아과

비로봉잎벌레

Chrysolina (*Chrysocrosita*) *sulcicollis solida* (Weise, 1898)

몸길이 7~9.2mm
출현시기 7월
분포 한국(북부, 중부), 중국
기주식물 정보 부족

자주색을 띠는 검은색이다. 앞가슴등판은 앞뒤로 완만하게 좁아지며, 기부와 연결되는 뒤 가장자리 모서리는 거의 직각이다. 앞 가장자리는 넓고 둥글다. 작은 점각이 2종류 있다. 날개는 매우 볼록하며, 작은 점각이 조밀하고 불규칙하게 있다. 생태에 관해서는 알려진 게 없다.

084 제주잎벌레

잎벌레아과

Chrysolina (Chrysolina) staphylaea daurica (Gebler, 1832)

몸길이	8.5~9.5mm
출현시기	6~8월
분포	한국(제주도), 몽골, 러시아(시베리아), 유럽, 북미
기주식물	미나리재비과, 꿀풀과, 질경이속

보라색을 띠는 어두운 황토색이나 배와 다리는 적갈색이다. 앞가슴등판에는 크고 작은 2종류 점각이 있으며, 옆면에는 강한 가로 홈이 있고 이 부근의 점각은 매우 강하다. 날개에 크고 작은 점각이 불규칙하게 있다. 우리나라에서는 한라산에만 서식하며 주로 1,000m 고도 부근에 서식한다. 빙하와 관련이 있는 종으로 추정된다.

085
잎벌레아과

강변잎벌레

Chrysolina (Euchrysolina) graminis auraria (Motschulsky, 1860)

몸길이	7.5~12mm
출현시기	6~7월
분포	한국(중부, 남부), 중국, 몽골, 러시아
기주식물	쑥국화류

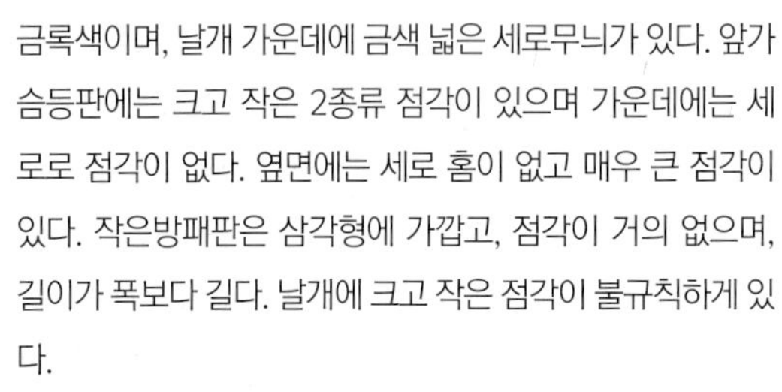

금록색이며, 날개 가운데에 금색 넓은 세로무늬가 있다. 앞가슴등판에는 크고 작은 2종류 점각이 있으며 가운데에는 세로로 점각이 없다. 옆면에는 세로 홈이 없고 매우 큰 점각이 있다. 작은방패판은 삼각형에 가깝고, 점각이 거의 없으며, 길이가 폭보다 길다. 날개에 크고 작은 점각이 불규칙하게 있다.

성충으로 월동한 개체들이 6월 초에 중부지역 하천 수변 식물의 잎이나 줄기에서 집단으로 나타난다.

086
잎벌레아과

청줄보라잎벌레

Chrysolina (Euchrysolina) virgata
(Motschulsky, 1860)

몸길이	11~15mm
출현시기	6~9월
분포	한국(전국), 일본, 중국, 러시아
기주식물	쉽싸리, 층층이꽃

금록색이며, 날개 가운데에 적동색 또는 금색 넓은 세로무늬가 있다. 앞가슴등판에는 크고 작은 2종류 점각이 있으며 옆면에는 세로 홈과 매우 큰 점각이 있다. 날개에 크고 작은 점각이 불규칙하게 있다.

성충은 6~9월까지 주로 수변 식물 뿌리나 줄기를 가해하며, 유충은 9월 말 땅속으로 들어가 번데기 전 단계로 지내다가 이듬해 3~4월에 번데기가 되어 4월부터 우화한다.

087

잎벌레아과

청동우리잎벌레

Chrysolina (*Hypericia*) *difficilis yezoensis* (Matsumura, 1911)

몸길이	7~8mm
출현시기	6월
분포	한국(전국), 일본, 중국, 러시아
기주식물	정보 부족

자주색이다. 앞가슴등판 옆면에는 깊은 가로 홈이 1쌍 있고 이 부근은 점각이 매우 강하다. 가운데에는 약한 점각이 있다. 날개의 큰 점각은 비교적 열을 이루고 미세한 점각은 불규칙하다. 생태에 관해서는 알려진 게 없다.

088
잎벌레아과

박하잎벌레

Chrysolina (Lithopteroides) exanthematica exanthematica (Wiedemann, 1821)

몸길이	7.5~9mm
출현시기	5~9월
분포	한국(전국), 일본, 대만, 중국, 인도, 몽골, 러시아
기주식물	박하, 산박하

자흑색 또는 동흑색이다. 앞가슴등판 옆면에는 가로 홈이 1개, 큰 점각이 있다. 날개에 점각이 조밀하고 불규칙하게 있고, 점각이 없는 둥근 무늬도 세로로 5줄 있다.

4~5월에 성충이 나타나지만 곧 휴면해 9월에 다시 나타난다. 휴면에서 깨어난 성충은 적갈색에 가늘고 긴 알을 먹이식물 부근에 뭉쳐서 낳는다.

089

잎벌레아과

홍테잎벌레

Entomoscelis orientalis Motschulsky, 1860

몸길이	5.5~6mm
출현시기	5~6월
분포	한국(전국), 중국, 몽골, 러시아
기주식물	풀거북꼬리, 큰앵초

전체적으로 적갈색이며 앞가슴등판 가운데와 날개에 검은 무늬가 있다. 앞가슴등판에는 크고 작은 점각이 있다. 날개 점각은 불규칙하고 점각열과 점각열 사이에는 미세한 점각과 주름이 있다. 생태에 관해서는 알려진 것은 없으며 물가나 저지대 먹이풀에서 자주 발견된다.

090 날개잎벌레

잎벌레아과

Potaninia cyrtonoides (Jacoby, 1885)

몸길이	4.8~6mm
출현시기	5~6월
분포	한국(남부), 일본
기주식물	거북꼬리, 좀깨잎나무

동흑색이다. 앞가슴등판은 균일하게 볼록하고 강한 점각이 있다. 날개는 매우 볼록하며 비교적 큰 점각이 불규칙하게 있고 점각열과 점각열 사이에 미세한 점각이 있다.

월동 성충은 황백색에 가늘고 긴 알을 잎에 덩이로 낳는다. 유충은 단독생활을 하며, 3회 탈피한 종령 유충은 땅속에 들어가 번데기가 된다.

091

잎벌레아과

수염잎벌레

Gonioctena (Brachyphytodecta) fulva (Motschulsky, 1861)

몸길이	5~6mm
출현시기	4~7월
분포	한국(전국), 중국, 러시아
기주식물	싸리

붉은색에서 갈색이다. 앞가슴등판 앞뒤 모서리에 강모가 있는 점각이 없다. 날개 점각은 11줄로 규칙적이며 점각열과 점각열 사이에 미세한 점각이 성기게 있다. 날개 점각은 세로로 줄지어 있다. 수염잎벌레속 가운데 가장 흔한 종으로 산지 싸리나무에서 쉽게 관찰할 수 있으며 잎이나 마른 싸리나무 줄기에 불규칙한 열을 이루면서 연한 황색 알을 낳는다.

096

잎벌레아과

고려수염잎벌레

Gonioctena (Gonioctena) koryeoensis Cho et Lee, 2010

몸길이	4.8~5.6mm
출현시기	5~6월
분포	한국(남부)
기주식물	자작나무류

더듬이를 포함해 적갈색이며 앞가슴등판에 검고 둥근 무늬가 2~3개 있다. 날개에서는 둥근 무늬 5개와 기부를 제외한 봉합선 부근이 검다. 수컷 생식기는 배면에서 보면 끝부분이 수축해 사각형 같고, 옆면에서 보면 중간 부분은 완만하게 발달했으며, 끝부분은 길고 예리하다. 생태에 관해서는 알려진 게 없다.

097

잎벌레아과

연갈색수염잎벌레

Gonioctena (*Gonioctena*) *ogloblini* Medvedev & Dubeshko, 1972

몸길이	5.3~5.8mm
출현시기	6~7월
분포	한국(전국), 중국, 몽골, 러시아
기주식물	자작나무류, 사스래나무

전체적으로 연갈색 또는 갈색이며, 정수리 뒤쪽과 작은방패판은 검은색이다. 앞가슴등판 가운데에는 작은 점각, 옆면에는 거칠고 굵은 점각이 있다. 날개 점각은 11줄로 규칙적이며 점각열과 점각열 사이에 미세한 점각이 있다. 수컷 생식기는 배면에서는 끝부분이 갑자기 수축해 둥글게 보이고, 옆면에서는 가늘고 길게 굽어 보이며 끝부분이 뒤로 튀어나왔다. 생태에 관해서는 알려진 게 없다.

098

잎벌레아과

배검은수염잎벌레

Gonioctena (Gonioctena) sibirica (Weise, 1893)

몸길이	5.2~6.9mm
출현시기	6월
분포	한국(북부, 중부), 일본, 몽골, 러시아
기주식물	마가목류

연갈색에서 흑갈색으로 다양하다. 앞가슴등판 가운데에는 미세한 점각이, 가장자리에는 큰 점각이 있다. 날개 점각은 11줄로 규칙적이며 점각열과 점각열 사이에 미세한 점각이 성기게 있다. 수컷 생식기는 옆면에서 보면 끝부분 양쪽이 수축해 둥글다. 생태에 관해서는 알려진 게 없다.

099

잎벌레아과

쌍색수염잎벌레

Gonioctena (*Gonioctena*) *viminalis*
(Linnaeus, 1758)

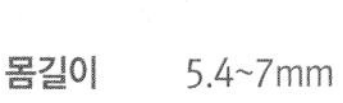

몸길이	5.4~7mm
출현시기	4~7월
분포	한국(북부, 중부), 중국, 러시아, 유럽, 북미
기주식물	버드나무류, 유럽팥배나무

연갈색에서 적갈색까지 다양하며 날개에 검은 무늬가 5개 있다. 앞가슴등판 가운데에는 미세한 점각이, 가장자리에는 강한 점각이 있다. 날개 점각은 11줄로 규칙적이며 점각열과 점각열 사이에 미세한 점각이 있다. 수컷 생식기는 배면에서는 예리하게 튀어나와 보이고, 옆면에서 보면 끝에 돌기가 있다. 생태에 관해서는 알려진 게 없다.

100 잎벌레아과

홍다리수염잎벌레

Gonioctena (Sinomela) aeneipennis Baly, 1862

몸길이	5.8~6.6mm
출현시기	4~6월
분포	한국(중부, 남부), 중국
기주식물	산팽나무

날개는 금속광택이 있는 초록색이며 머리, 가슴, 다리와 배면은 황갈색이다. 앞가슴등판 가운데에는 미세한 점각, 가장자리에는 강한 점각이 있다. 날개 점각은 11줄로 규칙적이며 점각열과 점각열 사이에 미세한 점각이 성기게 있다. 생태에 관해서는 알려진 게 없다.

101

잎벌레아과

십이점박이잎벌레

Paropsides soriculata (Swartz, 1808)

몸길이 8~10mm
출현시기 4~6월
분포 한국(전국), 일본, 베트남, 미얀마, 인도, 중국, 러시아
기주식물 배나무, 산돌배나무, 돌배나무, 콩배나무, 털야광나무, 산사나무, 귀룽나무

검은색 바탕에 날개에 연갈색 무늬가 있거나 적갈색 바탕에 검은 무늬가 있다. 앞가슴등판은 볼록하고 가운데에 미세한 점각이 있다. 옆면에는 꺼진 부분이 있으며 점각은 크다. 날개는 매우 볼록하며, 점각은 적당하고 불규칙하다.

월동 성충은 5월 말에서 7월 상순에 암적색 알을 20개 정도 기주식물에 뭉쳐서 낳으며, 적갈색 점액으로 알을 잎 표면에 붙인다. 종령인 4령은 땅속으로 들어가 번데기가 된다.

긴더듬이잎벌레아과

Galerucinae

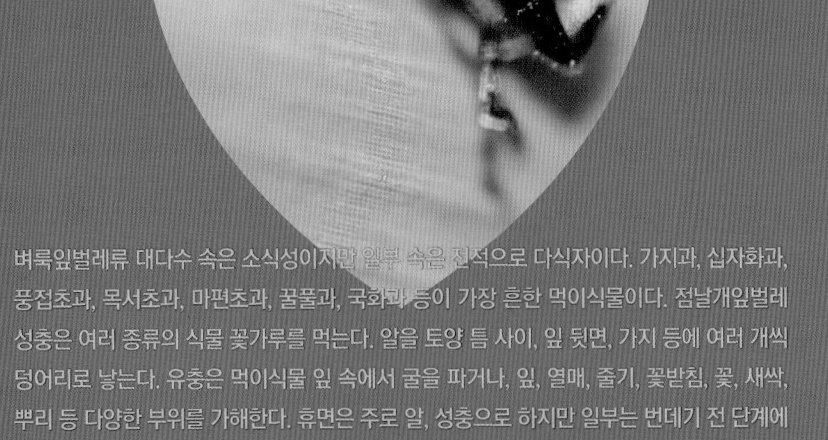

벼룩잎벌레류 대다수 속은 소식성이지만 일부 속은 전적으로 다식자이다. 가지과, 십자화과, 풍접초과, 목서초과, 마편초과, 꿀풀과, 국화과 등이 가장 흔한 먹이식물이다. 점날개잎벌레 성충은 여러 종류의 식물 꽃가루를 먹는다. 알을 토양 틈 사이, 잎 뒷면, 가지 등에 여러 개씩 덩어리로 낳는다. 유충은 먹이식물 잎 속에서 굴을 파거나, 잎, 열매, 줄기, 꽃받침, 꽃, 새싹, 뿌리 등 다양한 부위를 가해한다. 휴면은 주로 알, 성충으로 하지만 일부는 번데기 전 단계에서도 한다.

대다수 긴더듬이잎벌레류는 쌍떡잎식물을 먹지만 많은 성충은 벼과나 박과 식물의 꽃가루를 먹는다. 긴더듬이잎벌레류 많은 종은 1종류 식물만 먹는 단식성 또는 한정된 몇 가지 식물만 먹는 소식성이다. 알은 배설물이나 끈적끈적한 분비물을 묻혀 줄기, 잎, 꽃잎, 토양 틈을 비롯해 다양한 장소에 낳는다. 긴더듬이잎벌레류는 대부분 알이나 성충으로 월동하지만 서식하는 기후환경이나 종에 따라 유충 상태로도 겨울을 지낸다.

102

긴더듬이잎벌레아과

북선잎벌레

Altica ampelophaga koreana (Ogloblin, 1925)

몸길이	4~5mm
출현시기	4~8월
분포	한국(전국)
기주식물	양지꽃류

금속광택이 있는 초록색이다. 더듬이는 검은색이다. 더듬이 셋째 마디는 넷째 마디와 길이가 비슷하다. 앞가슴등판에는 미세한 점각이 성기게 있고, 기부에 깊고 짧은 가로 홈이 있다. 날개에 불규칙한 점각과 주름이 있다. 수컷 생식기는 배면에서 보면 끝이 살짝 튀어나왔다. 생태에 관해서는 알려진 게 없다.

103

긴더듬이잎벌레아과

발리잎벌레

Altica caerulescens (Baly, 1874)

몸길이	3.5~4mm
출현시기	6~10월
분포	한국(전국), 일본, 중국, 러시아
기주식물	깨풀

전체적으로 흑청색이며 다리와 더듬이는 검은색이다. 앞가슴등판에는 미세한 점각이 성기게 있고 기부 앞에 짧은 가로 홈이 있다. 날개에 불규칙한 점각과 주름이 있다. 수컷 생식기는 배면에서 보면 좁고 긴 홈이 1개 있고 양옆은 빗살 모양이며 끝은 뾰족하다. 생태에 관해서는 알려진 게 없다.

104 엉겅퀴벼룩잎벌레

긴더듬이잎벌레아과

Altica cirsicola Ohno, 1960

몸길이	3.2~4.3mm
출현시기	5~8월
분포	한국(전국), 일본, 중국, 러시아, 북미
기주식물	엉겅퀴

전체적으로 흑청색이며 다리와 더듬이는 검은색이다. 앞가슴등판에는 미세한 점각이 성기게 있고 기부 앞에는 짧은 가로 홈이 있다. 날개에 불규칙한 점각과 주름이 있다. 수컷 생식기는 옆면에서 보면 배면 쪽으로 끝이 약간 굽었고, 배면에서 보면 홈이 3개 있다. 생태에 관해서는 알려진 게 없다.

105

긴더듬이잎벌레아과

딸기벼룩잎벌레

Altica fragariae (Nakane, 1955)

몸길이 3.5~4mm

출현시기 6~8월

분포 한국(전국), 일본, 중국

기주식물 뱀딸기, 좀딸기 등 딸기류, 오이풀

흑청색이나 초록 광택이 있는 경우도 있다. 앞가슴등판은 폭이 길이보다 1.7배 넓고 미세한 점각이 성기게 있다. 날개에 불규칙한 점각과 주름이 있다. 수컷 생식기에는 3개 홈이 있고 옆면에서 보면 배면 쪽으로 약간 굽었다. 생태에 관해서는 알려진 게 없다.

106
긴더듬이잎벌레아과

버드나무벼룩잎벌레

Altica latericosta subcostata Ohno, 1960

몸길이	4~5.6mm
출현시기	5~10월
분포	한국(전국), 일본, 러시아, 코카서스, 소아시아, 유럽
기주식물	버드나무류

금속광택이 있는 청록색에서 청색이다. 앞가슴등판에는 미세한 점각이 성기게 있고, 기부에 깊은 가로 홈이 있다. 날개 어깨에서 시작하는 세로 융기선이 있고 점각은 아주 약하며 미세한 주름이 있다. 수컷 생식기 끝은 배면에서 보면 튀어나왔고 매우 넓은 홈이 있다. 옆면은 수직에 가깝다. 생태에 관해서는 알려진 게 없다.

107

긴더듬이잎벌레아과

바늘꽃벼룩잎벌레

Altica oleracea oleracea (Linnaeus, 1758)

몸길이	2.8~3.9mm
출현시기	5~8월
분포	한국(전국), 일본, 러시아, 코카서스, 소아시아, 유럽
기주식물	바늘꽃, 분홍바늘꽃, 달맞이꽃, 큰달맞이꽃

청록색 또는 청동색이다. 앞가슴등판에는 미세한 점각이 성기게 있다. 날개에 불규칙한 점각과 주름이 있다. 수컷 생식기 끝은 둥근 편이고 배면에서 보면 가운데에서 끝으로 크게 확장되는 홈이 있다. 옆면에서 보면 가운데에서 배면 쪽으로 완만하게 부풀었다. 생태에 관해서는 알려진 게 없다.

108

긴더듬이잎벌레아과

닮은애벼룩잎벌레

Aphthona abdominalis (Duftschmid, 1825)

몸길이 1.8~2.2mm
출현시기 5~7월
분포 한국(전국), 중국
기주식물 대극, 애기땅빈대, 여우구슬

광택과 갈색을 띠는 노란색이다. 날개 봉합선은 흑갈색이다. 앞가슴등판과 날개에 약한 점각이 성기게 있다. 생태에 관해서는 알려진 게 없다.

109

긴더듬이잎벌레아과

넓적가슴애벼룩잎벌레

Aphthona erythropoda Chen, 1939

몸길이	1.8mm
출현시기	7~8월
분포	한국(중부, 남부), 중국
기주식물	정보 부족

전반적으로 어두운 초록색이며, 다리는 모두 노란색이다. 앞가슴등판과 날개에 약한 점각이 성기게 있다. 생태에 관해서는 알려진 게 없다.

110

긴더듬이잎벌레아과

검정배애벼룩잎벌레

Aphthona perminuta Baly, 1875

몸길이	1.8~2mm
출현시기	5~9월
분포	한국(중부, 남부), 일본, 러시아
기주식물	밤나무, 졸참나무, 개서어나무

흑청색 또는 녹청색이다. 앞가슴등판과 날개에 미세한 점각이 성기게 있다. 생태에 관해서는 알려진 게 없다.

111

긴더듬이잎벌레아과

예덕나무애벼룩잎벌레

Aphthona strigosa Baly, 1874

몸길이 2~2.4mm
출현시기 5~8월
분포 한국(남부), 일본, 대만, 중국, 베트남
기주식물 예덕나무

동금색 광택을 띠는 암록색이다. 앞가슴등판에는 미세한 점각이 성기게 있다. 날개에 미세한 잔주름이 있고 약한 점각이 성기게 있다. 생태에 관해서는 알려진 게 없다.

112

긴더듬이잎벌레아과

푸른애벼룩잎벌레

Aphthona varipes Jacoby, 1890

몸길이	1.8~2.3mm
출현시기	5~8월
분포	한국(전국), 중국, 베트남
기주식물	정보 부족

광택이 있는 푸른색이다. 앞가슴등판에 작은 점각이 있고, 날개 점각은 강하고 조밀하다. 생태에 관해서는 알려진 게 없다.

113

긴더듬이잎벌레아과

두점알벼룩잎벌레

Argopistes biplagiatus Motschulsky, 1860

몸길이	3.2~3.8mm
출현시기	5~10월
분포	한국(중부, 남부), 일본, 러시아
기주식물	물푸레나무, 들메나무, 두충나무

검은색이고 날개 가운데에 붉은색 무늬가 1쌍 있다. 날개 점각은 앞가슴등판 점각과 크기가 같으며 불규칙하다.

5월에 월동 성충이 나타나 6월에 산란하며, 새로운 성충은 여름에 나타난다. 연 1세대이다.

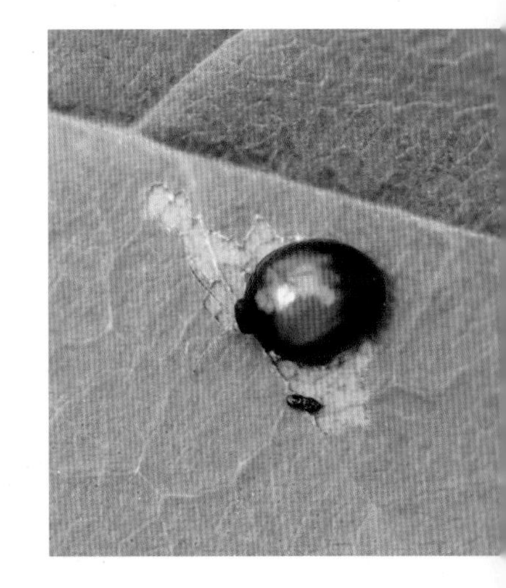

114

긴더듬이잎벌레아과

깨알벼룩잎벌레

Argopistes tsekooni Chen, 1934

몸길이	2.2~2.5mm
출현시기	5~8월
분포	한국(전국), 일본, 중국
기주식물	쥐똥나무

검은색이며 날개 가운데 앞쪽에 붉은색 무늬가 있으나, 모두 적갈색인 경우도 있다. 날개 점각은 부분적으로 줄을 이룬다. 생태에 관해서는 알려진 게 없다.

115

긴더듬이잎벌레아과

애둥글잎벌레

Argopus balyi Harold, 1878

몸길이	4.2~5mm
출현시기	5~7월
분포	한국(중부, 남부), 일본
기주식물	사위질빵, 으아리

적갈색이다. 윗입술 앞 가장자리는 사각형으로 파였다. 앞가슴등판 기부 옆면에 짧은 세로 홈이 없다. 날개 점각은 불규칙하다. 생태에 관해서는 알려진 게 없다.

116

긴더듬이잎벌레아과

고려둥글잎벌레

Argopus koreanus Chûjô, 1941

몸길이	3.8~5mm
출현시기	6~9월
분포	한국(전국), 러시아
기주식물	정보 부족

전체적으로 적갈색이며, 다리는 검은색이나 넓적다리마디는 적갈색이다. 윗입술 앞 가장자리는 둥글거나 사각형 비슷하게 파였다. 앞가슴등판과 날개에 크고 작은 2종류 점각이 있다. 생태에 관해서는 알려진 게 없다.

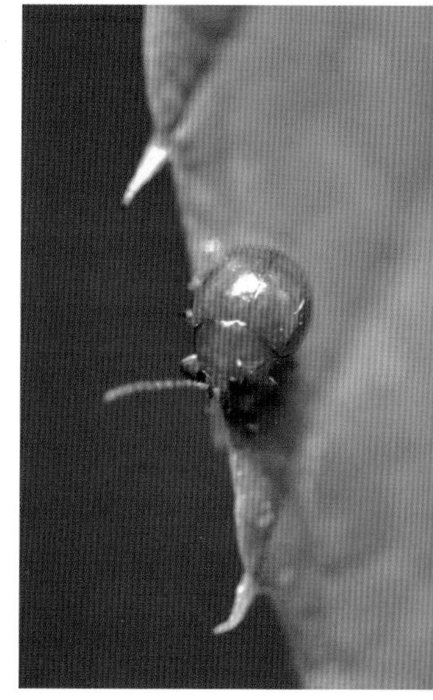

117

긴더듬이잎벌레아과

검정발잎벌레

Argopus nigritarsis (Gebler, 1823)

몸길이	3.6~4.8mm
출현시기	5~7월
분포	한국(전국), 일본, 중국, 러시아, 유럽
기주식물	자리공류, 잔대류

전체적으로 적갈색이며, 더듬이는 검은색이나 기부 셋째 마디 또는 넷째 마디까지는 적갈색이다. 종아리마디 끝 및 발목마디는 검은색이다. 윗입술 앞 가장자리는 삼각형으로 파였다. 앞가슴등판과 날개에 크고 작은 2종류 점각이 불규칙하게 있다. 생태에 관해서는 알려진 게 없다.

118

긴더듬이잎벌레아과

갈색둥글잎벌레

Argopus punctipennis substriatus Weise, 1887

몸길이	3.4~3.5mm
출현시기	5~7월
분포	한국(전국), 러시아
기주식물	엉겅퀴

전체적으로 적갈색이며, 다리는 검은색이나 넓적다리마디 기부는 암갈색이다. 앞가슴등판에는 크고 작은 2종류 점각이 있다. 날개 점각은 앞가슴등판 점각보다 강하며 비교적 규칙적이다. 생태에 관해서는 알려진 게 없다.

119 단색둥글잎벌레

긴더듬이잎벌레아과

Argopus unicolor Motschulsky, 1860

몸길이 4.2~5mm
출현시기 5~6월
분포 한국(전국), 일본, 러시아
기주식물 정보 부족

연갈색이다. 앞가슴등판에는 크고 작은 2종류 점각이 있다. 날개 점각은 앞가슴등판 점각보다 강하며 불규칙하다. 생태에 관해서는 알려진 게 없다.

120

긴더듬이잎벌레아과

왕벼룩잎벌레

Asiophrida spectabilis (Baly, 1862)

몸길이	9~13mm
출현시기	5~9월
분포	한국(전국), 중국, 대만
기주식물	붉나무, 개옻나무

광택이 있는 적갈색이며 날개에 흰색 또는 노란색 불규칙한 무늬가 있다. 앞가슴등판은 옆면부에 홈이 있으며 점각이 성기게 있다. 날개 점각은 11줄로 규칙적이며 점각열과 점각열 사이에 매우 미세한 점각이 있다. 생태에 관해서는 알려진 게 없다.

121

긴더듬이잎벌레아과

콩알벼룩잎벌레

Batophila acutangula Heikertinger, 1921

몸길이 1.6~2mm
출현시기 5~7월
분포 한국(전국), 일본, 대만, 중국, 러시아
기주식물 정보 부족

검은색이다. 앞가슴등판은 점각이 있고 앞쪽으로 넓어지고 앞 가장자리 모서리는 절단된 모양이다. 날개 점각은 규칙적이며 점각열과 점각열 사이에 미세한 점각이 솟아 있다.

122

긴더듬이잎벌레아과

붉은가슴벼룩잎벌레

Bikasha collaris (Baly, 1877)

몸길이	2.2~2.5mm
출현시기	5~6월
분포	한국(남부), 일본, 중국
기주식물	사람주나무

머리와 앞가슴등판은 적갈색이며 날개는 검은색이다. 앞가슴등판에는 점각이 있고 점각과 점각 사이는 평탄하다. 날개 점각은 열을 이루고 점각열과 점각열 사이는 평탄하다. 생태에 관해서는 알려진 게 없다.

123

긴더듬이잎벌레아과

세줄털다리벼룩잎벌레

Chaetocnema (Chaetocnema) concinnicollis
(Baly, 1874)

몸길이 1.8~2.4mm
출현시기 5~8월
분포 한국(전국), 일본, 중국, 대만, 인도네시아
기주식물 무

동색 또는 흑청색이다. 앞가슴등판은 매끈하며 강한 점각이 있다. 날개 점각은 강하며, 작은방패판 뒤쪽 점각은 불규칙하지만 3열을 이룬다. 생태에 관해서는 알려진 게 없다.

124

긴더듬이잎벌레아과

북방털다리벼룩잎벌레

Chaetocnema (*Chaetocnema*) *costulata* (Motschulsky, 1860)

몸길이	2.2~2.5mm
출현시기	7~8월
분포	한국(남부), 중국, 몽골, 러시아
기주식물	정보 부족

동색이다. 앞가슴등판은 앞쪽으로 뚜렷하게 좁아진다. 날개 점각은 강하며 봉합선 부근에서는 불규칙하다. 점각열과 점각열 사이는 솟았다. 생태에 관해서는 알려진 게 없다.

125

긴더듬이잎벌레아과

밀잎벌레

Chaetocnema (Chaetocnema) cylindrica (Baly,1874)

몸길이	2.5~2.8mm
출현시기	8~9월
분포	한국(중부), 일본, 중국
기주식물	밀

원통형이며, 전체적으로 광택이 있는 청색이나 넓적다리마디, 종아리마디 끝부분은 흑녹색이다. 앞가슴등판에는 강한 점각이 있고, 날개 점각은 강하며 열을 이룬다. 생태에 관해서는 알려진 게 없다.

126 두줄털다리벼룩잎벌레

긴더듬이잎벌레아과

Chaetocnema (*Chaetocnema*) *ingenua* (Baly,1876)

몸길이	2.5~3mm
출현시기	6~8월
분포	한국(전국), 일본, 중국, 몽골
기주식물	통보리사초

자청색, 동색 등 색깔이 다양하며, 넓적다리마디 끝부분은 흑청색이다. 날개 점각은 강하며 작은방패판 뒤 점각은 2줄로 불규칙하다. 생태에 관해서는 알려진 게 없다.

127

긴더듬이잎벌레아과

맵시잎벌레

Chaetocnema (*Tlanoma*) *concinna* (Marsham, 1802)

몸길이 1.8~2.4mm
출현시기 6~7월
분포 한국(전국), 일본, 중국, 몽골, 러시아, 중앙아시아, 유럽, 북미
기주식물 마디풀, 여뀌류

검은색이다. 앞가슴등판은 매끈하며, 미세한 점각이 성기게 있고 옆면 가장자리는 둥글다. 날개 점각은 강하며 점각열과 점각열 사이는 솟았다. 생태에 관해서는 알려진 게 없다.

128
긴더듬이잎벌레아과

줄털다리벼룩잎벌레

Chaetocnema (*Tlanoma*) *granulosa* (Baly, 1874)

몸길이	1.8~2mm
출현시기	5~8월
분포	한국(중부, 남부), 일본, 대만
기주식물	장딸기

동색 또는 흑청색이다. 앞가슴등판에는 그물 같은 잔주름과 약한 점각이 있다. 날개 점각은 강하며, 점각열과 점각열 사이에 있는 미세한 하트 모양 점각은 여러 줄이다. 생태에 관해서는 알려진 게 없다.

129

긴더듬이잎벌레아과

함북잎벌레

Chaetocnema (Tlanoma) koreana Chûjô, 1942

몸길이	2.2~2.5mm
출현시기	5~8월
분포	한국(전국), 일본
기주식물	정보 부족

흑청색이다. 앞가슴등판 점각은 작고 그물 같은 잔주름이 있다. 날개 점각은 비교적 약하며 눌린 듯이 선명하지 않고 점각열과 점각열 사이에 미세한 점각이 있다. 작은방패판 뒤쪽 점각은 1줄이다. 생태에 관해서는 알려진 게 없다.

130

긴더듬이잎벌레아과

넓은가슴털다리벼룩잎벌레

Chaetocnema (*Tlanoma*) *puncticollis puncticollis* (Motschulsky, 1858)

몸길이	1.8~2mm
출현시기	6~8월
분포	한국(전국), 일본, 중국, 대만, 동남아시아, 네팔
기주식물	쇠무릎, 뱀딸기, 콩, 마디풀, 나무딸기류

전체적으로 동색이며 더듬이 1~4번째 마디, 발목마디, 종아리마디는 적갈색이나 검은 부분도 있다. 앞가슴등판 옆면 가장자리는 거의 곧으며, 점각과 미세한 주름이 있다. 날개 점각은 열을 이루고 점각열과 점각열 사이는 솟았고 미세한 점각이 있다. 생태에 관해서는 알려진 게 없다.

131 유리꼬마벼룩잎벌레

긴더듬이잎벌레아과

Crepidodera picipes (Weise, 1887)

몸길이 2.5~3.2mm
출현시기 5~9월
분포 한국(전국), 중국, 러시아
기주식물 버드나무류

금속광택을 띠는 청색이다. 다리는 흑청색이다. 정수리에 점각이 없고 평탄하다. 앞가슴등판에는 약한 점각이 성기게 있고 날개는 강한 점각이 열을 이룬다. 생태에 관해서는 알려진 게 없다.

132
긴더듬이잎벌레아과

알통다리잎벌레

Crepidodera plutus (Latreille, 1804)

몸길이 2.5~3.7mm
출현시기 4~9월
분포 한국(전국), 일본, 중국, 러시아, 유럽
기주식물 버드나무류

앞가슴등판은 금속광택이 나는 초록색이고 날개는 청색이다. 더듬이는 넷째 마디까지 적갈색이나 나머지는 검다. 정수리에 미세한 점각이 있다. 앞가슴등판에 비교적 강한 점각이 성기게 있다. 생태에 관해서는 알려진 게 없다.

133

쌍가시벼룩잎벌레(신칭)

긴더듬이잎벌레아과

Dibolia sinensis Chen, 1939

몸길이	2.8~3.5mm
출현시기	4~6월
분포	한국(중부, 남부; 한국미기록), 중국
기주식물	정보 부족

흑청색이며 더듬이 2~4번째 마디, 발목마디, 종아리마디 기부와 끝부분은 적갈색이다. 앞가슴등판에는 미세한 점각이 성기게 있고, 주름이 있다. 날개에 있는 작은 점각은 불규칙하나 봉합선 옆에 있는 점각은 중간부터 2줄로 규칙적이다. 수컷 생식기는 배면에서 보면 끝부분이 비교적 뭉툭하다. 옆면에서 보면 배면 쪽으로 끝이 굽었고 배면에 홈이 있다. 생태에 관해서는 알려진 게 없다.

134
긴더듬이잎벌레아과

둥글벼룩잎벌레

Hemipyxis flavipennis (Baly, 1874)

몸길이	3.5~5mm
출현시기	5~6월
분포	한국(남부), 일본, 중국
기주식물	물푸레나무, 쥐똥나무

앞가슴등판은 검은색이고 날개는 황갈색이다. 정수리에 점각이 거의 없다. 앞가슴등판은 볼록하고 미세한 점각이 있다. 날개 점각도 미세하다. 생태에 관해서는 알려진 게 없다.

135
긴더듬이잎벌레아과

호근잎벌레(신칭)

Hemipyxis hogeunis An n. sp.

몸길이	4~4.5mm
출현시기	7~8월
분포	한국(중부, 남부; 신종)
기주식물	정보 부족

암적갈색이며, 날개 가운데와 끝에 연갈색 세로로 긴 타원 무늬가 있다. 무늬 크기는 다양하다. 정수리에 점각이 거의 없다. 앞가슴등판과 날개에 미세한 점각과 조금 더 큰 2종류 점각이 있다. 생태에 관해서는 알려진 게 없다.

136 보라색잎벌레

긴더듬이잎벌레아과

Hemipyxis plagioderoides (Motschulsky, 1860)

몸길이	3.8~5mm
출현시기	5~8월
분포	한국(전국), 일본, 중국, 러시아
기주식물	누리장나무, 질경이, 광대수염

광택이 있는 흑청색이다. 앞가슴등판은 볼록하고 광택이 돌며 미세한 점각이 있다. 양쪽에 약간 파인 곳이 있다. 날개 점각은 거칠고 조밀하다.

월동 성충은 5, 6월에 적황색 알을 잎 표면에 낳는다. 알, 유충 기간은 각각 7일, 25일 정도이다. 연 1회 발생한다.

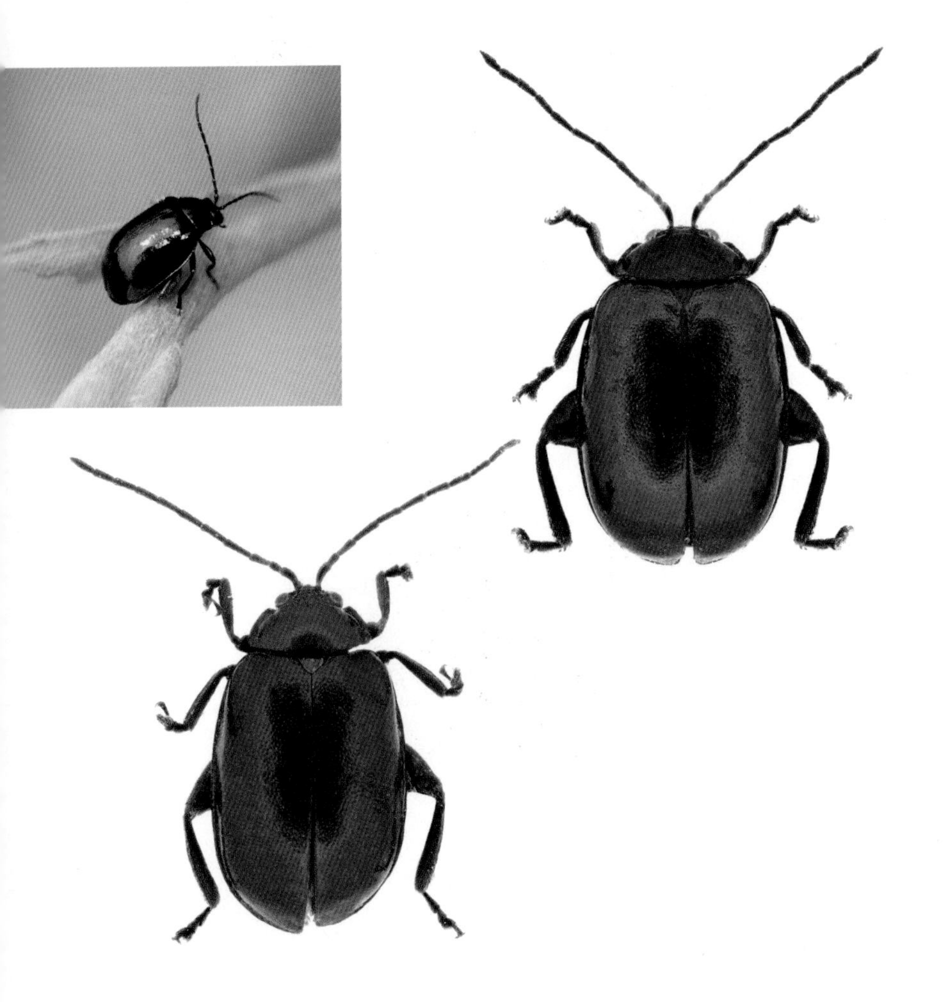

137

긴더듬이잎벌레아과

정갈색발톱벼룩잎벌레

Hyphasis parvula Jacoby, 1884

몸길이	3.5~4.2mm
출현시기	6~9월
분포	한국(중부, 남부), 인도
기주식물	누리장나무류

황갈색이다. 둘째 마디까지를 제외한 더듬이, 종아리마디는 검은색이다. 앞가슴등판과 날개에 작은 점각이 있다. 뒷다리 발톱이 매우 부풀었다. 생태에 관해서는 알려진 게 없다.

138 점줄벼룩잎벌레

긴더듬이잎벌레아과

Liprus punctatostriatus Motschulsky, 1860

몸길이	4.5~5.2mm
출현시기	4~7월
분포	한국, 일본, 중국
기주식물	옥잠화, 비비추

전체적으로 적갈색이나 머리, 더듬이, 다리는 검은색이다. 앞가슴등판에는 점각이 성기게 있다. 앞가슴등판 기부 앞은 넓고 뚜렷하게 오목하다. 날개 점각은 규칙적이며 점각열과 점각열 사이는 솟고 작은 점각이 있다. 생태에 관해서는 알려진 게 없다.

139

긴더듬이잎벌레아과

쌍무늬긴발벼룩잎벌레(신칭)

Longitarsus (*Longitarsus*) *bimaculatus* (Baly, 1874)

몸길이	1.7~2mm
출현시기	7~8월
분포	한국(남부; 한국미기록), 일본, 대만, 중국
기주식물	작살나무

적갈색이며, 날개 가운데 부근에 둥근 무늬가 2개 있는데 서로 연결되는 등 변이가 많다. 뒷다리 넓적다리마디 끝부분은 검은색이다. 더듬이 사이가 튀어나왔다. 앞가슴등판에는 작은 점각과 미세한 주름이 있다. 날개 점각은 강하다. 생태에 관해서는 알려진 게 없다.

140

긴더듬이잎벌레아과

검정긴발벼룩잎벌레

Longitarsus (*Longitarsus*) *godmani* (Baly, 1876)

몸길이	2~2.6mm
출현시기	5~8월
분포	한국(전국), 중국, 인도네시아
기주식물	정보 부족

검은색이며 더듬이 2~4번째 마디와 다리 종아리마디는 암갈색이다. 색깔 변이가 다양하다. 날개 어깨돌기가 뚜렷하며, 날개 점각은 비교적 크고 분명하다. 생태에 관해서는 알려진 게 없다.

141

긴더듬이잎벌레아과

끝붉은긴발벼룩잎벌레

Longitarsus (Longitarsus) holsaticus (Linnaeus, 1758)

몸길이 1.8~2.4mm

출현시기 7~10월

분포 한국(전국), 아일랜드에서 일본까지 아우르는 구북구

기주식물 송이풀속

전체적으로는 검은색이나 날개 끝부분은 적갈색이며, 다리는 흑갈색이다. 색깔 변이가 다양하다. 날개 어깨돌기는 뚜렷하며, 날개 점각은 비교적 크고 분명하다. 생태에 관해서는 알려진 게 없다.

142

긴더듬이잎벌레아과

줄긴발벼룩잎벌레

Longitarsus (*Longitarsus*) *lewisii* (Baly, 1874)

몸길이	1.7~2.3mm
출현시기	7~8월
분포	한국(중부, 남부), 일본, 대만, 중국, 유럽
기주식물	질경이

연갈색이다. 앞가슴등판 앞 모서리는 튀어나오지 않았다. 더듬이는 몸길이와 비슷하다. 앞가슴등판에는 점각이 거의 없다. 날개 점각은 매우 약하고 주름이 있다. 생태에 관해서는 알려진 게 없다.

143

긴더듬이잎벌레아과

털긴발벼룩잎벌레

Longitarsus (Longitarsus) longiseta Weise, 1889

몸길이 1.6~2mm
출현시기 7~8월
분포 한국(전국), 아일랜드에서 일본까지 아우르는 구북구
기주식물 질경이속

연갈색, 암적갈색이다. 앞가슴등판에는 강한 점각이 깊게 있다. 날개 끝 봉합선 부근에 긴 털이 1개 있으며, 날개 점각은 비교적 약하다. 생태에 관해서는 알려진 게 없다.

144

긴더듬이잎벌레아과

대륙긴발벼룩잎벌레

Longitarsus (Longitarsus) nasturtii (Fabricius, 1792)

몸길이 1.5~2mm

출현시기 5~7월

분포 한국(전국), 중국, 러시아, 유럽

기주식물 지치과

앞가슴등판은 금속광택이 있는 검은색이며 날개는 흑갈색이다. 색깔 변이가 다양하다. 앞가슴등판에는 비교적 강한 점각과 잔주름이 있다. 생태에 관해서는 알려진 게 없다.

145

긴더듬이잎벌레아과

줄무늬긴발벼룩잎벌레

Longitarsus (Longitarsus) scutellaris
(Mulsant et Rey, 1874)

몸길이 1.5~2mm
출현시기 7~8월
분포 한국(전국), 일본, 중국, 러시아, 유럽
기주식물 질경이속

적갈색이며, 날개 봉합선 부근과 뒷다리 넓적다리마디 끝부분은 검은색이다. 더듬이 기부 4마디를 제외하고 검은색이다. 앞가슴등판에는 미세한 점각이 있다. 날개 점각은 약하다. 생태에 관해서는 알려진 게 없다.

146

긴더듬이잎벌레아과

긴발벼룩잎벌레

Longitarsus (Longitarsus) succineus (Foudras, 1860)

몸길이	1.8~2.7mm
출현시기	7~8월
분포	한국(전국), 일본, 중국, 네팔, 베트남, 러시아, 유럽
기주식물	물쑥

연갈색이다. 더듬이 다섯째 마디는 넷째 마디보다 길다. 앞가슴등판에는 점각이 매우 성기게 있고 날개 점각은 작고 약하다. 뒷날개는 퇴화했다. 생태에 관해서는 알려진 게 없다.

147

긴더듬이잎벌레아과

참긴발벼룩잎벌레

Longitarsus (*Longitarsus*) *waltherhorni* Csiki, 1939

몸길이 2.5~3mm
출현시기 7~8월
분포 한국(중부, 남부), 중국, 대만
기주식물 지치속

연갈색이나 앞가슴등판은 암적갈색이다. 더듬이는 몸길이와 비슷하다. 앞가슴등판과 날개 점각은 매우 약하다. 생태에 관해서는 알려진 게 없다.

148

긴더듬이잎벌레아과

검정긴벼룩잎벌레

Luperomorpha funesta (Baly, 1874)

몸길이 2.5~3.5mm

출현시기 5~10월

분포 한국(남부), 일본, 중국

기주식물 자운영, 닥나무, 꾸지나무, 콩, 비트 등

전체적으로는 검은색이다. 다리도 검은색이지만 넓적다리마디 끝부분, 종아리다리마디, 발목마디는 암적갈색이다. 더듬이는 검은색이나 첫째 마디 끝, 둘째 및 셋째 마디는 암적갈색이다. 앞가슴등판은 검은색에서 암적갈색까지 색깔 변이가 다양하다. 날개 점각은 뚜렷하고 조밀하다. 생태에 관해서는 알려진 게 없다.

149

긴더듬이잎벌레아과

긴벼룩잎벌레

Luperomorpha pryeri (Baly, 1874)

몸길이	2.5~3.2mm
출현시기	6~7월
분포	한국(전국), 일본
기주식물	초피나무, 산초나무, 작살나무

머리와 앞가슴등판은 적갈색이며 날개는 적흑색이다. 다리는 적갈색이나 뒷다리 넓적다리마디 끝부분은 검은색이다. 앞가슴등판에는 점각이 성기게 있다. 날개에 점각이 조밀하게 있으며, 끝 부근에 털이 약간 있다. 생태에 관해서는 알려진 게 없다.

150

긴더듬이잎벌레아과

노랑다리긴벼룩잎벌레(신칭)

Luperomorpha tenebrosa (Baly, 1874)

몸길이 2~3mm

출현시기 6~7월

분포 한국(남부; 한국미기록), 일본, 대만

기주식물 삼지닥나무, 구찌나무, 참싸리, 애기등, 자운영, 귤나무 등

전체적으로 검은색이며 모든 다리는 연갈색이나 넓적다리마디는 흑갈색이다. 앞가슴등판에는 뚜렷한 점각이 깊게 있고 옆 가장자리는 균일하지 않다. 날개 점각도 강하다. 생태에 관해서는 알려진 게 없다.

151

긴더듬이잎벌레아과

큰긴벼룩잎벌레

Luperomorpha xanthodera (Fairmaire, 1888)

몸길이	3~4mm
출현시기	6~9월
분포	한국(전국), 일본, 대만, 베트남, 중국
기주식물	참억새

날개는 검은색이며 앞가슴등판은 암적갈색이나 간혹 검은 경우도 있다. 앞가슴등판에는 미세한 주름이 있고 뚜렷한 점각이 조밀하게 있다. 날개 점각은 앞가슴등판 점각보다 강하다. 생태에 관해서는 알려진 게 없다.

152

긴더듬이잎벌레아과

섬나라잎벌레

Mandarella nipponensis (Laboissière, 1913)

몸길이 3.5~4mm
출현시기 5~7월
분포 한국(중부, 남부, 제주도), 일본, 대만, 중국, 러시아
기주식물 순채, 눈여뀌바늘, 쉽싸리, 마름

흑청색이다. 더듬이는 몸길이보다 길다. 앞가슴등판은 사각형 비슷하며 뒤쪽으로 갈수록 좁아지며, 큰 점각이 성기고 불규칙하게 있다. 날개에 큰 점각이 조밀하고 불규칙하게 있다. 생태에 관해서는 알려진 게 없다.

153

긴더듬이잎벌레아과

어리통벼룩잎벌레

Mantura (Mantura) clavareaui Heikertinger, 1912

몸길이	2.5~3mm
출현시기	5월
분포	한국(중부, 남부), 일본
기주식물	참소리쟁이

어두운 금속광택이 있는 초록색이다. 앞가슴등판에는 강한 점각과 미세한 돌기가 있다. 날개 점각은 강하며 열을 이루고, 점각열과 점각열 사이는 점각 지름보다 넓다. 또한 미세한 돌기도 있다. 생태에 관해서는 알려진 게 없다.

154

긴더듬이잎벌레아과

애통벼룩잎벌레(신칭)

Mantura (*Mantura*) *fulvipes* Jacoby, 1885

몸길이 2mm
출현시기 6월
분포 한국(남부; 한국미기록), 일본
기주식물 괭이밥

어두운 흑청색이다. 다리는 모두 적갈색이다. 앞가슴등판 가장자리는 전체적으로 둥글다. 앞가슴등판과 날개에 크고 강한 점각이 있다. 생태에 관해서는 알려진 게 없다.

155

긴더듬이잎벌레아과

점골가슴벼룩잎벌레

Neocrepidodera interpunctata (Motschulsky, 1859)

몸길이	2.6~3.5mm
출현시기	7~8월
분포	한국(전국), 일본, 러시아, 유럽
기주식물	정보 부족

적갈색 또는 황갈색이다. 앞가슴등판 가운데에 강한 점각이 조밀하게 있다. 날개 점각은 비교적 규칙적인 열을 이루고 어깨는 강하게 솟았다. 생태에 관해서는 알려진 게 없다.

156

긴더듬이잎벌레아과

큰골가슴벼룩잎벌레

Neocrepidodera obscuritarsis (Motschulsky, 1859)

몸길이	4.5~5.5mm
출현시기	5~8월
분포	한국(전국), 일본, 중국, 러시아
기주식물	배나무속, 사과나무속

연한 적갈색이다. 더듬이는 검은색이나 기부 셋째, 넷째 마디까지는 황갈색이다. 다리는 적갈색이나 넓적다리마디 끝, 종아리마디, 발목마디는 흑갈색이다. 앞가슴등판과 날개 점각은 매우 약하다. 날개 어깨는 강하게 솟았다. 생태에 관해서는 알려진 게 없다.

157

긴더듬이잎벌레아과

삼각골가슴벼룩잎벌레

Neocrepidodera ohkawai Takizawa, 2002

몸길이	3~4.2mm
출현시기	7~8월
분포	한국(중부, 남부), 일본
기주식물	정보 부족

밝은 적갈색이다. 앞가슴등판 기부의 세로 홈은 길고 가로 홈은 깊다. 날개 점각은 크고 강하며 규칙적으로 열을 이룬다. 수컷의 첫째 발목마디는 부풀었다. 생태에 관해서는 알려진 게 없다.

162

긴더듬이잎벌레아과

혹발톱벼룩잎벌레

Philopona vibex (Erichson, 1834)

몸길이	4~4.2mm
출현시기	6~8월
분포	한국(중부, 남부), 일본, 대만, 중국, 러시아
기주식물	질경이

광택이 있는 황갈색이다. 앞가슴등판은 암적갈색이며 가운데에 검고 넓은 세로 줄무늬가 있다. 날개는 봉합선과 양옆 기부에서 끝으로 검은 세로 줄무늬가 있다. 앞가슴등판은 기부 앞에 홈이 있으며 약한 점각이 있다. 날개 점각은 약하다. 발톱은 강하게 부풀었다.

월동 성충은 5월에 적갈색이고 긴 원통형 알을 10~15개씩 2열로 잎에 낳는다. 유충은 3령 과정을 거쳐 땅속에서 번데기가 된다. 알, 유충, 번데기 기간은 각각 9일, 15일, 16일 정도이다.

163

긴더듬이잎벌레아과

황갈색잎벌레

Phygasia fulvipennis (Baly, 1874)

몸길이	5~6mm
출현시기	5~6월
분포	한국(전국), 일본, 중국
기주식물	박주가리

더듬이, 머리, 앞가슴등판 및 다리는 검은색이다. 날개는 황갈색이다. 앞가슴등판 앞뒤 모서리는 예리하다. 기부 바로 앞부근에는 가로 홈이 깊게 있다. 날개 점각은 앞가슴등판 점각보다 강하며 불규칙하다.

성충은 5~6월에 나타나며, 6월경 등황색에 긴 난형 알을 뭉쳐 지표에 낳는다. 부화한 유충은 뿌리를 가해한다.

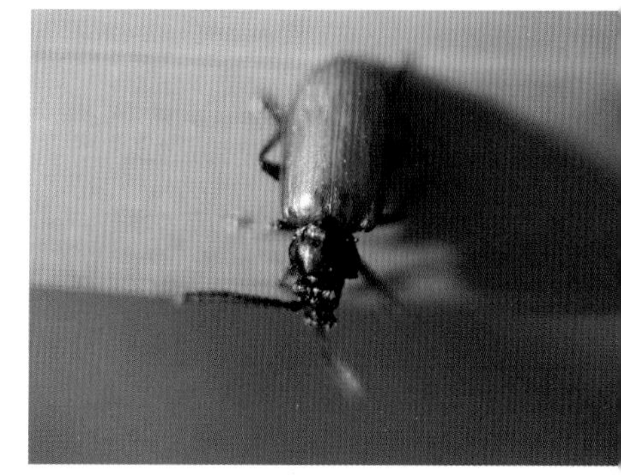

164

긴더듬이잎벌레아과

노랑등줄벼룩잎벌레

Phyllotreta rectilineata Chen, 1939

몸길이	1.6~2mm
출현시기	4~6월
분포	한국(전국), 일본, 중국, 베트남
기주식물	배추 등 십자화과

전체적으로 검은색이나 날개에 있는 폭이 좁은 세로 줄무늬는 노란색이다. 앞가슴등판 점각은 강하며 균일하다. 날개 점각은 강하며 불규칙하다. 생태에 관해서는 알려진 게 없다.

165

긴더듬이잎벌레아과

벼룩잎벌레

Phyllotreta striolata (Illiger, 1803)

몸길이	1.8~2mm
출현시기	3~12월
분포	한국(전국), 일본, 대만, 중국, 러시아, 베트남, 태국, 인도, 유럽, 북미
기주식물	배추, 양배추, 무, 갓, 냉이, 유채 등 십자화과

전체적으로 검은색이나, 날개에 있는 세로 줄무늬는 황갈색이며, 줄무늬 가운데가 가늘게 분리되는 경우도 있다. 앞가슴등판과 날개 점각은 강하며 불규칙하다.

월동 성충은 4월에 노란색이고 긴 알을 땅속에 낳는다. 유충은 식물 뿌리를 먹으며, 3령으로 노숙 유충이 되면 땅속에서 번데기가 된다. 알, 유충, 번데기 기간은 각각 1주일, 2~3주일, 1~2주일이다. 연 2~3세대 발생한다.

168

긴더듬이잎벌레아과

고려긴잎벌레

Sangariola fortunei (Baly, 1888)

몸길이	6.5~7mm
출현시기	5월
분포	한국(중부, 남부), 중국
기주식물	나리류, 앉은부채류, 청미래덩굴속

광택이 있는 적갈색이다. 앞가슴등판은 크고 둥글게 솟은 융기부 2곳이 거의 차지하며, 가운데에 좁은 홈이 있다. 날개 점각열 4번째와 8번째 사이가 크게 솟았다. 생태에 관해서는 알려진 게 없다.

169

긴더듬이잎벌레아과

공보가슴벼룩잎벌레

Sangariola punctatostriata (Motschulsky, 1860)

몸길이	5~6.9mm
출현시기	5~6월
분포	한국(중부, 남부), 일본, 대만, 중국
기주식물	참나리, 밀나물, 선밀나물

적갈색이다. 앞가슴등판 앞쪽과 뒤쪽에 가로 홈이 있고, 옆쪽에는 짧은 세로 홈이 1쌍 있어 융기부가 여러 개로 분리된다. 날개 점각열 4번째와 8번째 사이는 살짝 솟았다. 생태에 관해서는 알려진 게 없다.

170 끝빨강공벼룩잎벌레

긴더듬이잎벌레아과

Sphaeroderma apicale Baly, 1874

몸길이 2~2.3mm

출현시기 5~9월

분포 한국(북부, 중부, 남부), 일본, 대만, 중국, 인도네시아

기주식물 벼, 옥수수, 수수, 돌피, 갈대, 강아지풀, 금강아지풀, 띠, 수크령, 그령, 왕바랭이

머리, 다리와 검은색 기부를 제외한 앞가슴등판은 적갈색이다. 날개는 검은색이나 끝부분은 황갈색이다. 앞가슴등판 기부 가운데는 튀어나왔다. 날개 점각은 앞가슴등판 점각보다 강하며, 옆면 점각은 다소 규칙적이다. 생태에 관해서는 알려진 게 없다.

171

긴더듬이잎벌레아과

홍가슴공벼룩잎벌레(신칭)

Sphaeroderma fuscicorne Baly, 1864

몸길이	2.2~3mm
출현시기	5월
분포	한국(남부; 한국미기록), 일본, 중국, 러시아
기주식물	으름덩굴, 삼엽으름덩굴

머리, 다리, 앞가슴등판, 더듬이 여섯째 마디 이하를 제외하고는 적갈색이다. 날개는 흑청색이다. 앞가슴등판에는 미세한 점각이 성기게 있다. 날개 점각은 앞가슴등판 점각보다 강하며 다소 규칙적이다. 생태에 관해서는 알려진 게 없다.

172

긴더듬이잎벌레아과

우리공벼룩잎벌레

Sphaeroderma leei Takizawa, 1980

몸길이 2.2~2.5mm
출현시기 6~8월
분포 한국(전국)
기주식물 정보 부족

머리, 다리, 앞가슴등판은 갈색이며, 날개는 암적갈색이다. 앞가슴등판에는 미세한 점각이 있고, 날개 점각은 앞가슴등판 점각보다 강하다. 생태에 관해서는 알려진 게 없다.

173
긴더듬이잎벌레아과

검정공벼룩잎벌레

Sphaeroderma separatum Baly, 1874

몸길이	2mm
출현시기	5~8월
분포	한국(남부), 일본, 중국
기주식물	사위질빵

푸른 광택을 띠는 검은색이다. 앞가슴등판에는 강한 점각이 있다. 날개 점각은 앞가슴등판 점각보다 강하며, 옆면에 있는 점각은 다소 규칙적이다. 생태에 관해서는 알려진 게 없다.

174

긴더듬이잎벌레아과

끝검은공벼룩잎벌레

Sphaeroderma seriatum Baly, 1874

몸길이	1.8~2mm
출현시기	5~8월
분포	한국(남부), 일본, 중국
기주식물	개기장

적갈색이다. 더듬이 5~11번째 마디는 검은색이다. 앞가슴 등판에는 미세한 점각이 있다. 날개 점각은 규칙적이다. 생태에 관해서는 알려진 게 없다.

175
긴더듬이잎벌레아과

혹머리애벼룩잎벌레(신칭)

Trachytetra lewisi (Jacoby, 1885)

몸길이	2~3.2mm
출현시기	6~8월
분포	한국(중부, 남부; 한국미기록), 일본, 중국
기주식물	분단나무, 가막살나무

연갈색이다. 앞가슴등판 기부에 가로 홈이 있다. 앞가슴등판과 날개 점각은 강하고 불규칙하다. 생태에 관해서는 알려진 게 없다.

176
긴더듬이잎벌레아과

남방잎벌레

Apophylia beeneni Bezděk, 2003

몸길이	4.4~6mm
출현시기	5~10월
분포	한국(전국), 중국, 대만, 베트남
기주식물	들깨, 박하

머리는 검은색, 앞가슴등판은 노란색, 날개는 금속광택이 있는 어두운 초록색 또는 동색이다. 앞가슴등판 가운데가 깊게 파였다. 날개에 점각이 조밀하게 있고, 점각과 점각 사이는 점각 지름보다 좁으며, 날개 끝과 옆면에는 주름이 있다. 생태에 관해서는 알려진 게 없다.

177 길쭉잎벌레

긴더듬이잎벌레아과

Apophylia grandicornis (Fairmaire, 1888)

몸길이	5.5~6mm
출현시기	7월
분포	한국(제주도), 일본, 중국
기주식물	정보 부족

머리는 검은색, 앞가슴등판도 검은색이나 앞부분은 노란 갈색이다. 날개는 청색이다. 앞가슴등판에는 강한 점각이 조밀하게 있고, 주름도 다소 있다. 날개에도 점각이 조밀하게 있고 점각과 점각 사이는 점각 지름과 같다. 생태에 관해서는 알려진 게 없다.

178

긴더듬이잎벌레아과

몽고잎벌레

Apophylia thalassina (Faldermann, 1835)

몸길이	6.2~7mm
출현시기	5~7월
분포	한국(중부, 남부), 중국
기주식물	옥수수, 보리, 밀

몸은 길쭉하며 옆면은 거의 평행하다. 앞가슴등판은 어두운 황갈색인데 부분적으로 검은 곳이 세 군데 있다. 앞가슴등판은 사다리꼴이다. 생태에 관해서는 알려진 게 없다.

179 장수잎벌레

긴더듬이잎벌레아과

Doryxenoides tibialis Laboissière, 1927

몸길이 10~11mm
출현시기 8~10월
분포 한국(전국), 중국
기주식물 떡갈나무

연갈색에서 암갈색이다. 앞가슴등판에는 광택이 있고, 가운데를 가로지른 함몰부가 있으며, 점각이 성기게 있다. 날개에 작은 점각과 미세한 털이 있다. 생태에 관해서는 알려진 게 없다.

180

긴더듬이잎벌레아과

한서잎벌레

Galeruca (Galeruca) dahlii vicina Solsky, 1872

몸길이	9~11mm
출현시기	6~11월
분포	한국(전국), 일본, 중국, 몽골, 러시아
기주식물	엉겅퀴속, 머위

암갈색이다. 앞가슴등판 옆 가장자리는 중간에서 뒷부분까지는 거의 없고, 앞부분에서 약하게 발달했으며 위로 솟았다. 앞가슴등판과 날개 점각은 강하다.

유충은 5~7월에 엉겅퀴류와 머위에서 보인다. 새 성충은 6~10월에 나타나며, 9~10월에 산란한다. 유충, 번데기 기간은 각각 20~24일, 12일이다.

181
긴더듬이잎벌레아과

다우리아잎벌레

Galeruca (Galeruca) daurica (Joannis, 1865)

몸길이	6~11mm
출현시기	8~10월
분포	한국(중부, 남부), 몽골, 러시아(시베리아)
기주식물	부추속

암갈색이다. 앞가슴등판 앞 가장자리는 위로 튀어나왔다. 앞가슴등판에는 강한 점각이 있다. 날개 점각은 앞가슴등판 점각과 크기가 비슷하고, 날개에 뚜렷한 융기선이 4개 있다.

1년에 1회 발생하고 여름에 휴면 상태로 지내며 알 상태로 월동한다. 추위에 내성이 매우 강해 알은 영하 33℃, 유충은 10℃에서도 견딘다. 4월 초에 유충으로 나타난다. 중국과 내몽골에서 심각한 해충이다.

182

긴더듬이잎벌레아과

파잎벌레

Galeruca (*Galeruca*) *extensa* (Motschulsky, 1862)

몸길이	11~12.2mm
출현시기	5~8월
분포	한국(중부), 일본, 중국, 러시아
기주식물	파, 산달래, 참산부추, 양파, 마늘, 원추리

암갈색이다. 앞가슴등판 옆 가장자리는 앞쪽에서 절반쯤 살짝 둥글다. 작은방패판 끝은 잘린 듯한 모양이다. 날개는 뒤쪽으로 갈수록 점점 넓어지며, 끝부분 앞쪽에서 가장 넓다. 날개 점각은 앞가슴등판 점각보다 작고, 날개에 세로 융기선이 4개 있으나 중간 중간 끊어진다.

3월 말부터 유충이 나타나며, 2~3주 만에 노숙해 번데기가 된다. 5월 말에 새 성충이 나타나고 가을에 산란한다. 번데기 기간은 약 10일이다.

183

긴더듬이잎벌레아과

하이덴잎벌레

Galeruca (Galeruca) heydeni Weise, 1887

몸길이	9.5~10.5mm
출현시기	5~8월
분포	한국(전국), 중국, 러시아
기주식물	정보 부족

암갈색이다. 앞가슴등판은 중앙 앞 부근이 가장 넓고, 앞부분에 있는 옆 가장자리는 위로 솟았다. 날개는 뒤쪽으로 갈수록 점점 넓어지며, 끝 1/3 부근에서 가장 넓다. 날개에 세로 융기선이 4개 있는데 첫째, 둘째 선은 선명하지만 셋째 선은 매우 짧고 여러 번 끊어진다. 넷째 선은 약하고 자주 끊어진다. 생태에 관해서는 알려진 게 없다.

184
긴더듬이잎벌레아과

딸기잎벌레

Galerucella (Galerucella) grisescens (Joannis, 1865)

몸길이 3.7~5.2mm
출현시기 3~11월
분포 한국(전국), 일본, 중국, 러시아, 베트남, 유럽
기주식물 고마리, 소리쟁이, 여뀌류, 딸기, 수영, 쑥갓

암갈색이다. 더듬이 7~10번째 마디 길이는 폭의 약 2배이다. 앞가슴등판 앞부분이 가장 넓다. 날개에 강한 점각과 미세한 털이 빽빽하게 있고, 날개 끝은 둥글다.

월동 성충은 4월 말에 잎 뒷면에 노란색 알을 10~30개 낳는다. 유충은 4~11월에 볼 수 있으며, 잎 위에서 번데기가 된다. 알, 유충, 번데기 기간은 각각 10일, 20일, 7일 정도이다.

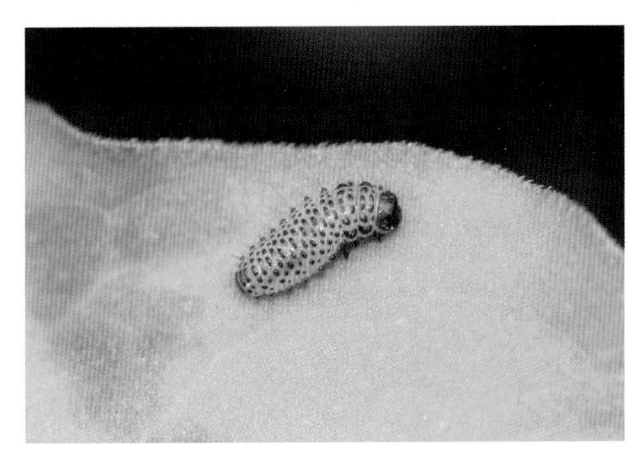

185

긴더듬이잎벌레아과

일본잎벌레

Galerucella (*Galerucella*) *nipponensis*
(Laboissière, 1922)

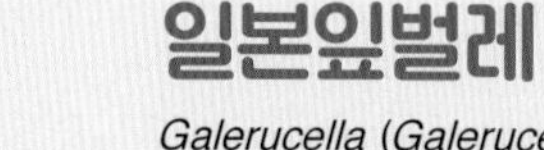

몸길이 4.8~6mm
출현시기 4~10월
분포 한국(중부, 남부, 제주도), 일본, 러시아(시베리아 남동부)
기주식물 마름, 순채, 눈여뀌바늘, 쉽싸리

암갈색이다. 더듬이 7~10번째 마디는 폭 길이의 1.5배 이하이다. 앞가슴등판은 가운데 부근이 가장 넓다. 날개 끝은 이빨 모양으로 튀어나왔다.
연못 주변 풀 사이에서 월동한 성충은 4월 말경에 나타나, 6~8월에 등황색 둥근 알을 20개 정도 잎 표면에 낳는다. 알 기간은 1주일이며, 부화한 유충은 약 2주일 만에 노숙해 잎에서 번데기가 된다. 연 1회 발생한다.

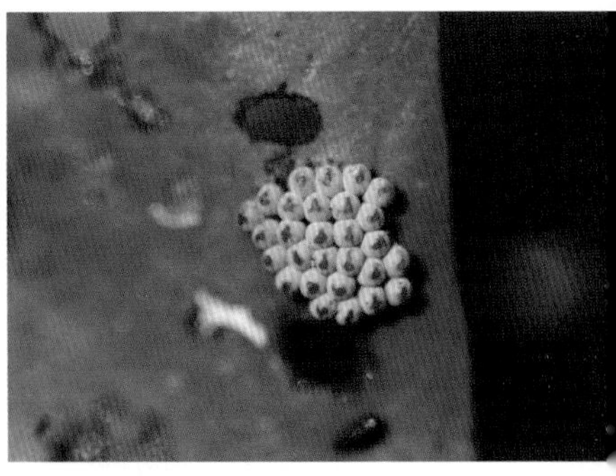

186

긴더듬이잎벌레아과

애참긴더듬이잎벌레

Galerucella (*Neogalerucella*) *lineola lineola* (Fabricius, 1781)

몸길이	4.5~6mm
출현시기	5~6월
분포	한국(전국), 일본, 중국, 러시아, 유럽
기주식물	버드나무류, 오리나무류, 개암나무류

전체적으로 어두운 황갈색이며, 앞가슴등판 가운데는 검은색이다. 앞가슴등판 옆면은 깊고 넓게 수축되었고 가운데는 조금 파였다. 날개에 강한 점각과 조밀하게 털이 있다.

유충은 6월 말에서 8월 사이에 버드나무 잎에서 활동하며, 노숙 유충은 땅속에서 번데기가 된다. 새 성충은 8월 중순에 나타나 활동하다가 월동한다. 연 1회 발생한다.

187

긴더듬이잎벌레아과

질경이잎벌레

Lochmaea caprea (Linnaeus, 1758)

몸길이	5~6mm
출현시기	5~10월
분포	한국(전국), 일본, 중국, 러시아, 유럽
기주식물	버드나무, 황철나무

어두운 황갈색이다. 머리, 배와 모든 넓적다리마디는 검은색이다. 앞가슴등판 옆면에 푹 파인 부분이 있고 큰 점각이 있다. 날개에 강한 점각이 있고 광택이 있다.

5월 상순에 월동 성충이 나타나 6~7월에 황갈색 둥근 알을 20개가량 뭉쳐서 지표에 낳는다. 유충은 3령을 지나면 땅속에서 번데기가 된다. 알, 유충 기간은 각각 10일, 20일 정도이다. 새 성충은 8~9월에 나타난다.

188 돼지풀잎벌레

긴더듬이잎벌레아과

Ophraella communa LeSage, 1986

몸길이	4~7mm
출현시기	6~10월
분포	한국(전국), 일본, 대만, 북미
기주식물	돼지풀, 둥근잎돼지풀, 단풍잎돼지풀, 도꼬마리, 큰도꼬마리, 가시도꼬마리, 들깨, 해바라기

황갈색이며 털이 있고 날개에 검은 줄무늬가 있다. 앞가슴등판 가운데가 세로로 넓게 오목하다. 앞가슴등판 점각은 날개 점각보다 작고 미세한 털이 빽빽하다. 날개에 점각이 강하고 조밀하게 있다.

북미가 원산지인 외래종으로 1년에 4~6회 발생하며 성충으로 월동한다. 국내에서는 7~8월에 돼지풀에서 알, 유충, 성충이 함께 발견되기도 한다. 기주식물 잎이나 줄기에서 고치를 짓고 번데기가 된다.

191
긴더듬이잎벌레아과

참긴더듬이잎벌레

Pyrrhalta humeralis (Chen, 1942)

몸길이	5.8~6.8mm
출현시기	7~10월
분포	한국(전국), 일본, 대만, 중국
기주식물	버드나무류, 아왜나무, 가막살나무, 백당나무

황갈색이다. 앞가슴등판 가운데와 옆면에 검은색 무늬가 있다. 날개 어깨 부근은 검은색이다. 더듬이 셋째 마디는 둘째 마디의 1.5배 이상이다.
3월 말에 부화한 유충은 20~30일 지나면 땅속에서 번데기가 된다. 새 성충은 7월에 나타나 9~10월에 잔가지 껍질을 가해하고 그 속에 알을 낳은 뒤 갈색 분비물로 감싼다.

192
긴더듬이잎벌레아과

갈색긴더듬이잎벌레

Pyrrhalta tibialis (Baly, 1874)

몸길이	6.8~9.2mm
출현시기	6~10월
분포	한국(중부, 남부), 일본, 중국
기주식물	팽나무

연갈색이다. 앞가슴등판은 중간 부근에서 가장 넓고 중앙은 암갈색이며, 기부는 거의 평행하다. 날개 점각은 비교적 강하고 조밀하다. 생태에 관해서는 알려진 게 없다.

193

긴더듬이잎벌레아과

귀룽나무잎벌레

Tricholochmaea semifulva (Jacoby, 1885)

몸길이	3.4~5.4mm
출현시기	4~8월
분포	한국(중부, 남부), 일본, 중국, 러시아
기주식물	귀룽나무

밝은 적갈색이다. 작은방패판과 다리는 검은색이다. 앞가슴등판에 흐릿한 검은 무늬가 있다. 날개 점각은 강하고, 날개에 털이 비스듬하게 있다.

194

긴더듬이잎벌레아과

청날개잎벌레

Xanthogaleruca aenescens (Fairmaire, 1878)

몸길이	6.9~8.7mm
출현시기	7~8월
분포	한국(중부), 중국, 러시아
기주식물	정보 부족

머리, 가슴은 암갈색 바탕에 검은 무늬가 있고, 날개는 암청색이다. 앞가슴등판 점각은 성기고 약하다. 날개에 강하고 조밀한 점각과 주름이 있다. 날개 바깥 경계 부위는 비스듬하게 경사진다. 생태에 관해서는 알려진 게 없다.

197

긴더듬이잎벌레아과

오리나무잎벌레

Agelastica coerulea Baly, 1874

몸길이	5.7~7.5mm
출현시기	4~9월
분포	한국(전국), 일본, 중국, 러시아, 북미
기주식물	오리나무, 사방오리, 물오리나무, 자작나무

흑청색이다. 날개는 볼록하고 옆은 거의 평행하다. 앞가슴등판 점각은 불규칙하며, 날개 점각은 앞가슴등판 점각보다 크고 불규칙하며 조밀하다.

월동 성충은 4월 말, 황백색에 긴 난형 알을 10개 정도씩 무더기로 잎에 낳는다. 유충은 집단으로 잎을 가해하며, 3령을 거쳐 노숙 유충으로 땅속에 들어가 번데기가 된다. 알, 유충 기간은 각각 10일, 20~30일이다. 연 1회 발생한다.

198 상아잎벌레

긴더듬이잎벌레아과

Gallerucida bifasciata Motschulsky, 1860

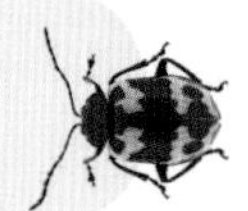

몸길이	7.5~9.5mm
출현시기	4~10월
분포	한국(전국), 일본, 대만, 중국, 러시아
기주식물	소리쟁이류, 호장근, 며느리배꼽, 수영, 며느리밑씻개

전체적으로 검은색이지만, 날개에 다양한 무늬가 있거나 아예 없는 등 개체 변이가 많다. 앞가슴등판 옆면이 살짝 파였고, 날개에 크고 작은 2종류 점각이 있다.

월동 성충은 5~6월에 산란하며, 알과 유충 기간은 약 2주이다. 노숙 유충은 땅속에서 번데기가 되고 여름에서 가을 사이에 성충으로 나타난다. 연 1회 발생한다.

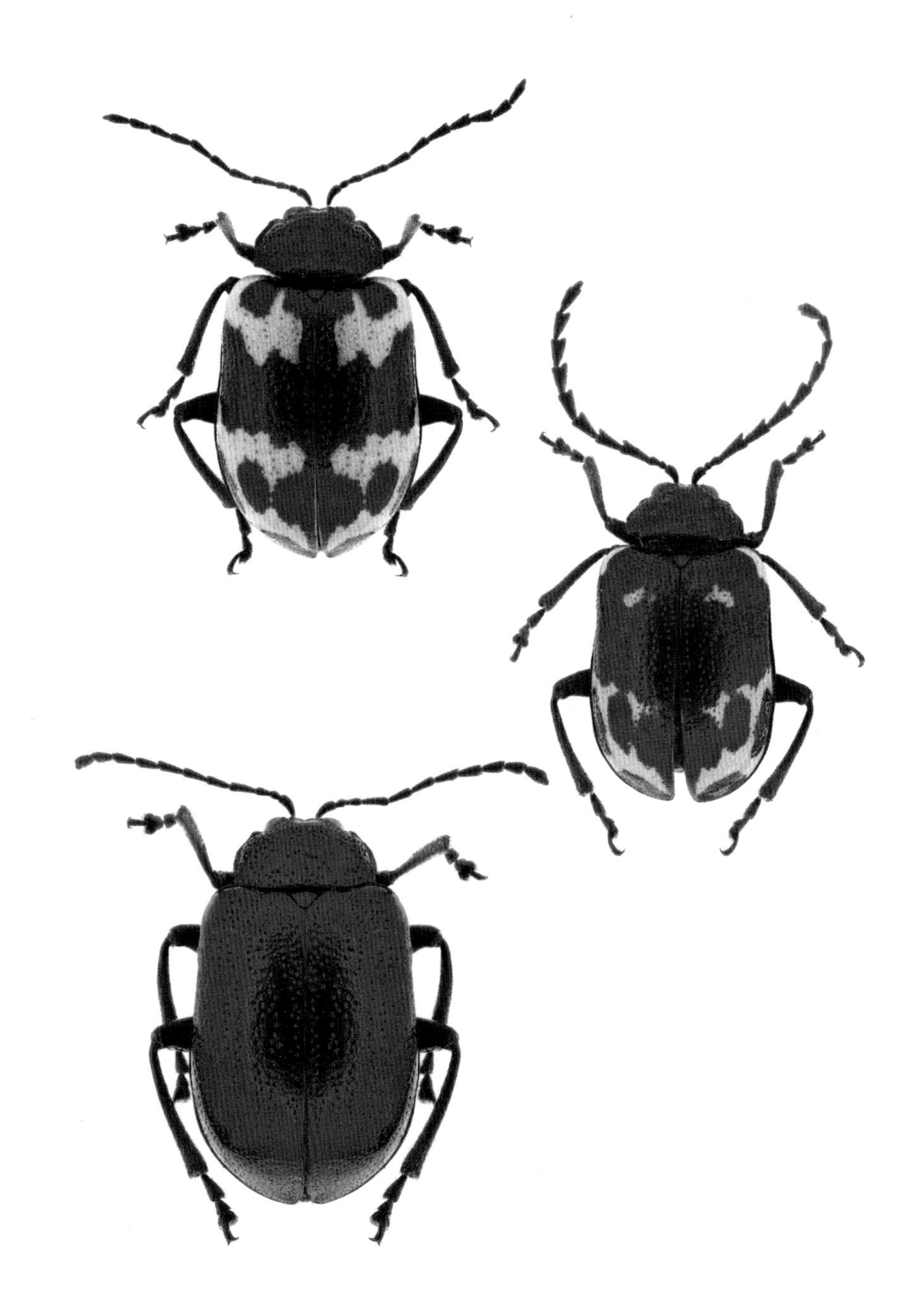

201

긴더듬이잎벌레아과

줄잎벌레

Gallerucida lutea Gressitt et Kimoto, 1963

몸길이	7mm
출현시기	6~8월
분포	한국(중부, 남부), 중국, 대만
기주식물	머루

연갈색이다. 3~4번째 마디를 제외한 더듬이, 발목마디, 종아리마디 기부 및 끝부분은 검은색이다. 날개 점각은 크기가 다양하고 불규칙한 11줄이며, 점각열과 점각열 사이에는 작은 점각이 있다.

4월에서 5월에 알집 하나에 알을 평균 140개 낳는다. 알은 9일 후에 부화한다. 유충은 잎을 가해하며 유충 기간은 11일이다. 성숙 유충은 토양 속으로 들어가 번데기 방을 만들며 번데기 기간은 15~17일이다. 새 성충은 봄에 출현해 가을까지 활동한다.

202

긴더듬이잎벌레아과

청람색긴수염잎벌레

Sphenoraia intermedia Jacoby, 1885

몸길이 4~5mm
출현시기 4월
분포 한국(중부, 남부), 일본
기주식물 정보 부족

머리, 앞가슴등판, 다리는 검고 날개는 자주색을 띠는 청색이다. 앞가슴등판에는 큰 점각이 엉성하게 있다. 날개에 큰 점각이 불규칙하게 있으며, 점각과 점각 사이는 솟았으며, 미세한 점각이 있다. 생태에 관해서는 알려진 게 없다.

203

긴더듬이잎벌레아과

외잎벌레붙이

Atrachya menetriesii (Faldermann, 1835)

몸길이	4.7~6.9mm
출현시기	5~8월
분포	한국(전국), 일본, 중국, 러시아
기주식물	콩

전체적으로 연황색이지만 날개 가장자리와 뒤쪽이 검은색이거나, 날개는 검은색이고 기부는 황갈색 또는 검은색인 경우가 있다. 앞가슴등판은 볼록하며 미세한 점각이 성기게 있다. 날개는 고르게 볼록하며 점각이 조밀하고 불규칙하게 있다. 수컷은 작은방패판 뒤 봉합선 부근에 오목한 부분이 있다.

알로 월동하며, 6월에 부화한 유충은 약 3주일 만에 3령 노숙 유충으로 성장해 땅속에서 번데기 된다. 성충은 여름에서 가을 사이에 땅속에 산란한다. 성충과 유충은 다식성이다. 연 1세대이지만 일부는 비휴면 알을 낳아 1년에 2~3세대 발생하기도 한다.

204
긴더듬이잎벌레아과

오이잎벌레

Aulacophora indica (Gmelin, 1790)

몸길이 5.6~7.3mm
출현시기 4~11월
분포 한국(전국), 일본, 대만, 필리핀, 중국, 러시아, 미크로네시아, 뉴기니, 사모아, 피지, 인도, 스리랑카, 인도차이나, 인도, 네팔, 부탄, 안다만, 니코바르
기주식물 오이, 호박 등 박과

적갈색이다. 앞가슴등판에는 불규칙한 점각과 가로 홈이 있다. 날개에 앞가슴등판 점각보다 큰 점각이 불규칙하고 조밀하게 있다.
월동 성충이 4~6월 중순 출현해서 5~6월에 산란한다. 알, 유충, 번데기 기간은 각각 2주, 3~4주, 2주 정도이다. 새로운 성충은 8~11월까지 보이며, 11월에 약간 건조한 땅속에 모여 월동한다. 연 1회 발생한다.

205

긴더듬이잎벌레아과

검정오이잎벌레

Aulacophora nigripennis nigripennis Motschulsky, 1858

몸길이	5.8~6.3mm
출현시기	4~11월
분포	한국(중부, 남부), 일본, 대만, 중국, 러시아
기주식물	오이, 패랭이, 팽나무

머리, 앞가슴등판, 배는 황갈색이고, 날개, 가슴, 더듬이, 다리는 검은색이다. 앞가슴등판은 사각형 비슷하며 뒤쪽으로 좁아지고 가로 홈이 있다. 날개에 앞가슴등판 점각보다 큰 점각이 불규칙하고 조밀하게 있다.

월동 성충은 5~6월에 산란한다. 알에서 번데기까지 기간은 약 1개월이다. 집단으로 월동하며 연 1회 발생한다.

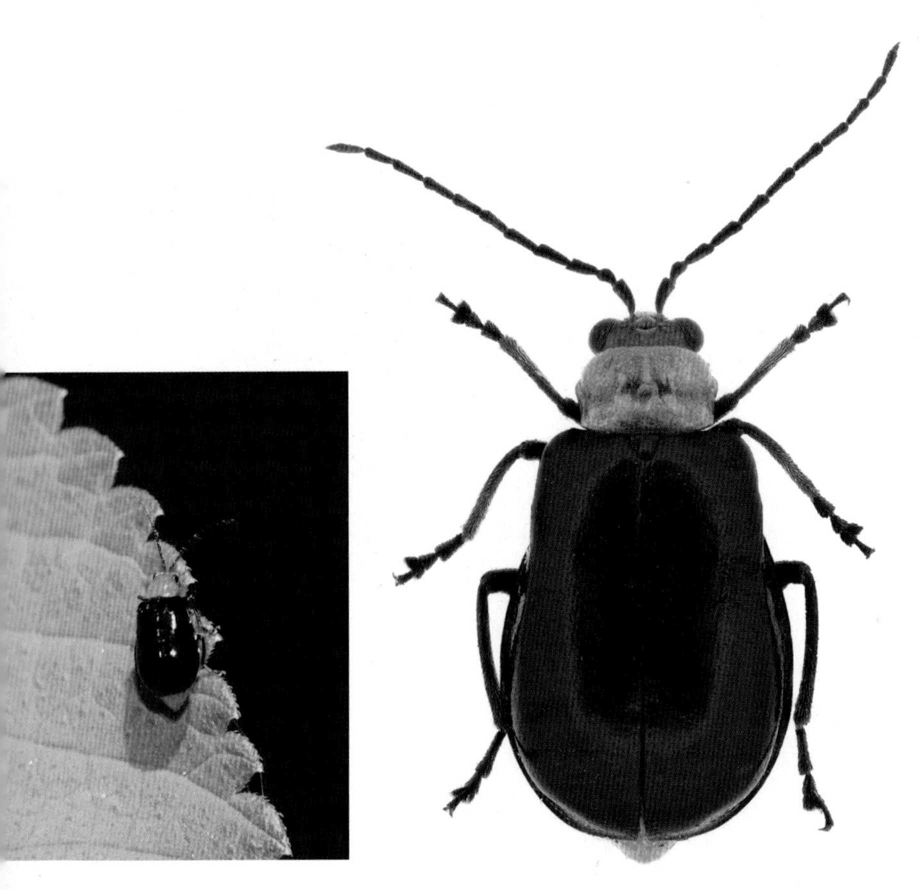

206

긴더듬이잎벌레아과

흑청색잎벌레(신칭)

Charaea chujoi Nakane, 1958

몸길이	4~5mm
출현시기	7월
분포	한국(남부; 한국미기록), 일본, 중국
기주식물	정보 부족

전체적으로 흑청색이나 배는 황갈색이다. 더듬이 넷째 마디는 첫째 마디보다 길지 않다. 날개에 불규칙하게 점각이 있으며 주름이 있다. 생태에 관해서는 알려진 게 없다.

207

긴더듬이잎벌레아과

노랑배잎벌레

Charaea flaviventre (Motschulsky, 1860)

몸길이	4.5~5.2mm
출현시기	5~8월
분포	한국(전국), 일본, 중국, 러시아
기주식물	정보 부족

전체적으로 청색이나 배는 황갈색이다. 더듬이 넷째 마디는 첫째 마디보다 길다. 앞가슴등판은 볼록하고 미세한 점각이 균일하게 있다. 날개에 점각이 불규칙하게 있고 옆면과 끝에 털이 있다. 생태에 관해서는 알려진 게 없다.

208
긴더듬이잎벌레아과

꼬마잎벌레

Charaea minutum (Joannis, 1865)

몸길이	4~4.7mm
출현시기	5~7월
분포	한국(전국), 중국, 러시아
기주식물	정보 부족

흑청색이다. 더듬이 둘째 마디 길이는 폭과 거의 같다. 앞가슴등판은 균일하게 볼록하며 미세한 점각이 성기게 있다. 날개에 점각이 조밀하고 불규칙하게 있으며 특히 끝 부근에 털이 있다. 생태에 관해서는 알려진 게 없다.

209

긴더듬이잎벌레아과

검정배잎벌레(신칭)

Charaea nigriventries (Ogloblin, 1936)

몸길이	3.5~4mm
출현시기	7월
분포	한국(남부; 한국미기록), 중국
기주식물	정보 부족

전체적으로 흑청색이며 배는 검은색이다. 더듬이 셋째 마디는 둘째 마디보다 길지 않다. 날개에 불규칙하게 점각이 있으며 주름이 있다. 생태에 관해서는 알려진 게 없다.

210

긴더듬이잎벌레아과

노랑가슴청색잎벌레

Cneorane elegans Baly, 1874

몸길이	7~8mm
출현시기	5~9월
분포	한국(전국), 일본, 중국, 러시아
기주식물	싸리류

녹청색 날개를 제외하고 적갈색이다. 앞가슴등판은 가운데가 가장 넓고 옆면은 둥글며 앞쪽 및 뒤쪽으로 좁아진다. 날개에 점각이 조밀하고 불규칙하게 있으며 특히 끝 부근에 털이 있다. 생태에 관해서는 알려진 게 없다.

211

긴더듬이잎벌레아과

털보잎벌레

Doryscus chujoi Takizawa, 1978

몸길이 4.4~4.8mm
출현시기 7~8월
분포 한국(중부, 남부)
기주식물 정보 부족

몸은 연갈색이며 비교적 길며 털로 덮여 있다. 앞가슴등판은 가운데를 따라 약간 솟았고 미세한 점각이 있다. 날개에 2종류 점각이 10줄 있다. 뒷다리 종아리마디는 휘었다. 생태에 관해서는 알려진 게 없다.

212 검정가슴잎벌레(신칭)

긴더듬이잎벌레아과

Euliroetis nigronotum Gressitt et Kimoto, 1963

몸길이	6~6.5mm
출현시기	4~5월
분포	한국(중부, 남부; 한국미기록), 중국
기주식물	꿀풀과

머리와 가슴은 검은색이고 날개는 황갈색이다. 앞가슴등판에는 미세하고 점각이 성기게 있다. 작은방패판은 사각형이다. 날개에 점각이 불규칙하게 있다. 생태에 관해서는 알려진 게 없다.

213

긴더듬이잎벌레아과

제주점박이잎벌레

Euliroetis ornata (Baly, 1874)

몸길이 4.5~5.8mm
출현시기 5~6월
분포 한국(중부, 남부), 일본, 중국, 러시아
기주식물 국화과

날개는 검은색이며 기부에서부터 가운데, 끝부분에 각각 흰색 무늬가 있다. 이 무늬가 합쳐지거나 끝부분에만 있는 경우도 있다. 앞가슴등판에는 미세한 점각이 성기게 있다. 날개는 작은방패판 뒤쪽이 약간 파였고, 점각이 불규칙하게 있다. 생태에 관해서는 알려진 게 없다.

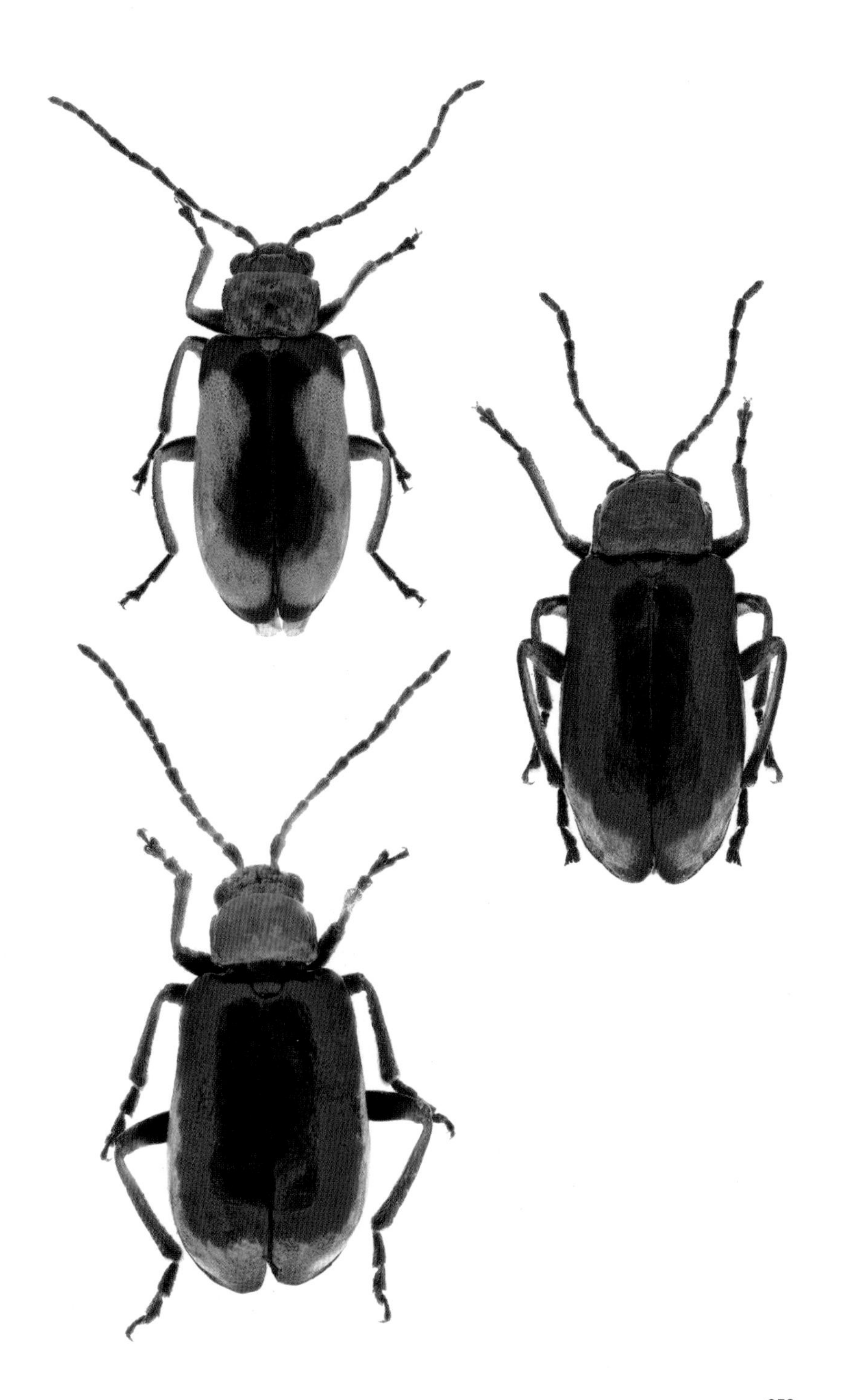

214
긴더듬이잎벌레아과

뽕나무잎벌레

Fleutiauxia armata (Baly, 1874)

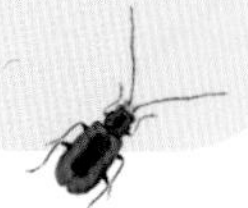

몸길이	5~7.3mm
출현시기	4~8월
분포	한국(전국), 일본, 중국, 러시아
기주식물	꾸지뽕나무

앞가슴등판, 작은방패판, 아랫면은 검은색이고 날개는 청록색이다. 수컷은 머리에 절구 모양 돌기가 있으나 암컷은 없다. 앞가슴등판에 가로 홈 1쌍과 미세한 점각이 성기게 있다. 날개에 조밀하고 불규칙한 점각이 있고 피부 같은 미세한 주름이 있다.

성충은 4월 중순에서 6월 말에 관찰되며, 5월경부터 등황색에 둥근 알을 2~3개씩 뿌리 부근에 낳는다. 유충은 땅속에서 뿌리를 먹으며, 노숙 유충 상태로 월동해 봄에 번데기가 된다. 알 기간은 20~30일, 노숙 유충으로 자라기까지 약 3개월 걸리며, 연 1회 발생한다.

215

긴더듬이잎벌레아과

어깨융기잎벌레(신칭)

Liroetis coeruleipennis Weise, 1889

몸길이	7~8.5mm
출현시기	6~7월
분포	한국(중부; 한국미기록), 일본
기주식물	상수리나무

날개는 어두운 청색이다. 앞가슴등판 뒤쪽 가운데에 파인 곳이 있으며, 매우 미세한 점각이 성기게 있다. 날개는 어깨 부근에서 뒤로 솟았고 중간 옆면이 약간 파였다. 불규칙하게 점각이 있다. 생태에 관해서는 알려진 게 없다.

216

긴더듬이잎벌레아과

잔머리잎벌레

Luperus laricis laricis Motschulsky, 1859

몸길이	4.3~5mm
출현시기	5월
분포	한국(전국), 일본, 러시아
기주식물	정보 부족

전체적으로 청람색이며 앞가슴등판과 다리는 연갈색이다. 앞가슴등판에는 점각이 성기게 있고, 날개에 작은 점각이 불규칙하고 조밀하게 있다. 뒷다리 넓적다리마디 기부는 굵다. 생태에 관해서는 알려진 게 없다.

217
긴더듬이잎벌레아과

두줄박이애잎벌레

Medythia nigrobilineata (Motschulsky, 1860)

몸길이	3~3.4mm
출현시기	5~9월
분포	한국(전국), 일본, 중국, 러시아
기주식물	콩

전체적으로 적갈색이며 날개에 검은 세로무늬가 있다. 앞가슴등판에는 점각이 불규칙하게 있다. 날개에 앞가슴등판 점각보다 작은 점각이 불규칙하고 조밀하게 있다.
성충은 5월 초에 나타나며, 콩과 식물을 가해한다. 5월 중순에 산란하기 시작하며, 유충은 기주식물 뿌리를 가해한다.

218

긴더듬이잎벌레아과

외발톱잎벌레

Monolepta dichroa Harold, 1877

몸길이	3.2~3.6mm
출현시기	6~7월
분포	한국(중부, 남부), 일본
기주식물	삼, 쪽, 고구마, 홉 등 많은 재배 및 야생 식물

전체적으로 검은색이며, 머리, 가슴, 더듬이 둘째 마디까지는 황갈색이다. 앞가슴등판에는 미세한 점각이 성기게 있다. 날개에도 작은 점각이 불규칙하게 있다. 생태에 관해서는 알려진 게 없다.

219

긴더듬이잎벌레아과

애발톱잎벌레(신칭)

Monolepta nojiriensis Nakane, 1963

몸길이 2.8~3mm
출현시기 8월
분포 한국(남부; 한국미기록), 일본
기주식물 정보 부족

전체적으로 연갈색이나 날개 옆면 내연의 기부는 검은색이며, 더듬이는 셋째 마디까지를 제외하고 검은색이다. 더듬이 넷째 마디 길이는 셋째 마디의 2배가량이다. 앞가슴등판에는 점각이 성기게 있고, 생태에 관해서는 알려진 게 없다.

220 노랑발톱잎벌레

긴더듬이잎벌레아과

Monolepta pallidula (Baly, 1874)

몸길이	4.2~5mm
출현시기	6~9월
분포	한국(전국), 일본, 대만, 중국
기주식물	사막버드나무, 때죽나무

황갈색이다. 앞가슴등판 옆면 가장자리는 약간 둥근 직선이다. 날개에 점각이 조밀하고 불규칙하게 있으며 끝 부근에 털이 있다. 생태에 관해서는 알려진 게 없다.

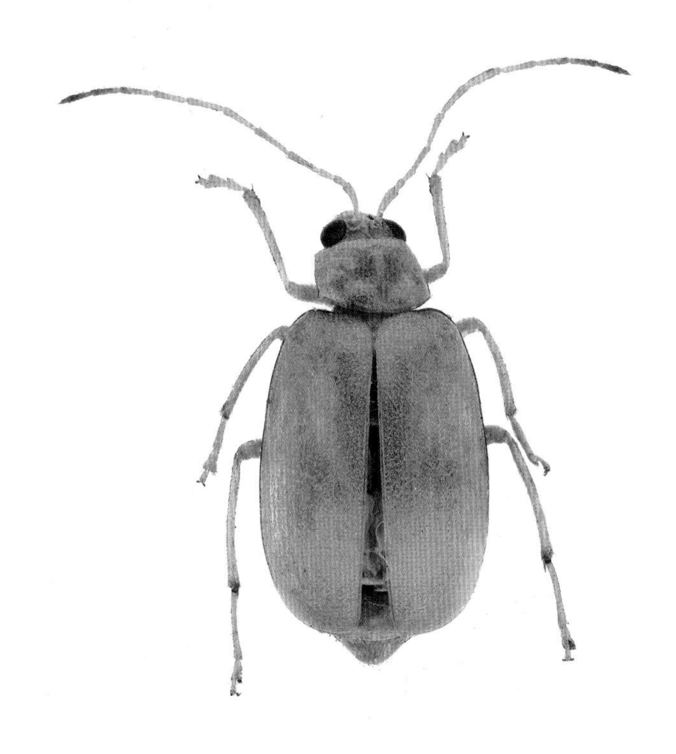

221

긴더듬이잎벌레아과

크로바잎벌레

Monolepta quadriguttata (Motschulsky, 1860)

몸길이 3.6~4mm
출현시기 6~10월
분포 한국(전국), 일본, 중국, 러시아
기주식물 토끼풀, 당근, 배추, 쑥

황갈색 바탕에 아랫면은 검은색에서 흑갈색이다. 날개 기부 2/3에는 크고 검은 무늬가 있다. 앞가슴등판은 고르게 볼록하며 미세한 점각이 성기게 있다. 날개에 점각이 조밀하고 불규칙하게 있고 끝 부근에 털이 있다. 생태에 관해서는 알려진 게 없다.

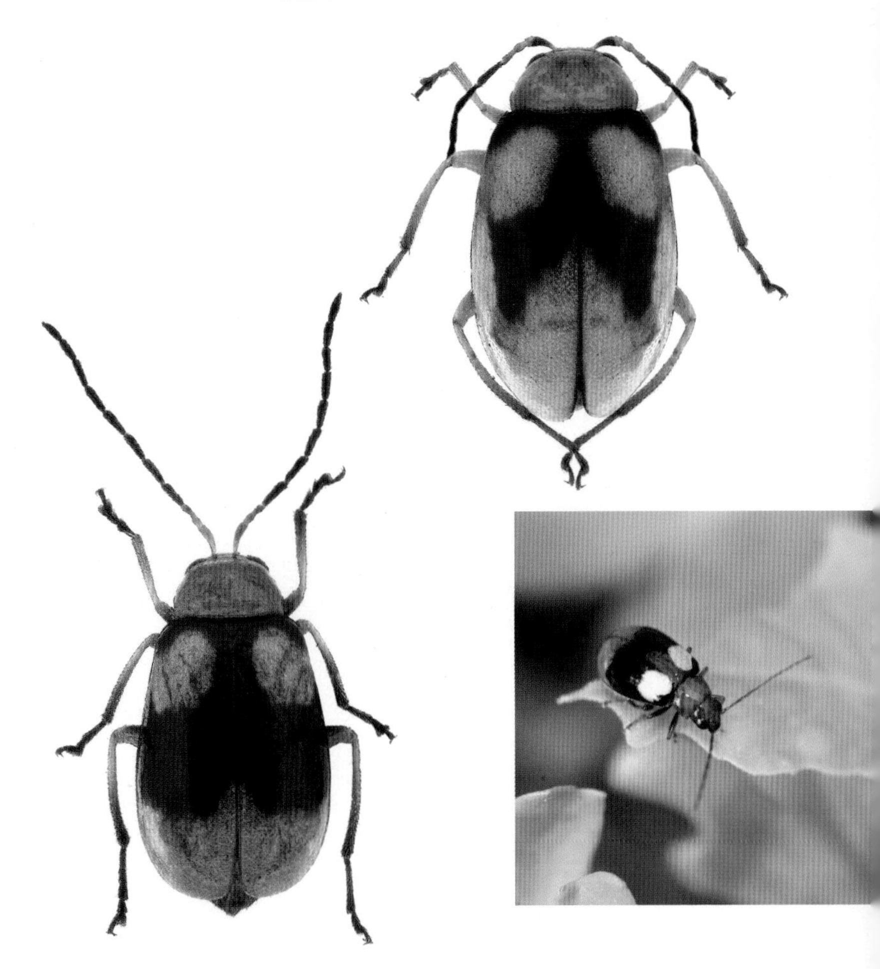

222
긴더듬이잎벌레아과

어리발톱잎벌레

Monolepta shirozui Kimoto, 1965

몸길이 3~4mm
출현시기 6~9월
분포 한국(전국), 일본
기주식물 붉나무, 졸참나무, 밤나무

전체적으로 황갈색이다. 날개에 점각이 조밀하고 불규칙하게 있으며 끝 부근에 털이 있다. 수컷은 날개 기부 봉합선 부근에는 푹 파인 곳이 있다. 수컷은 배 다섯째 마디에 돌기가 3개 있고, 암컷은 끝부분이 쐐기 모양으로 파였다. 집단으로 대발생하며 특히 붉나무 등에 큰 피해를 끼친다.

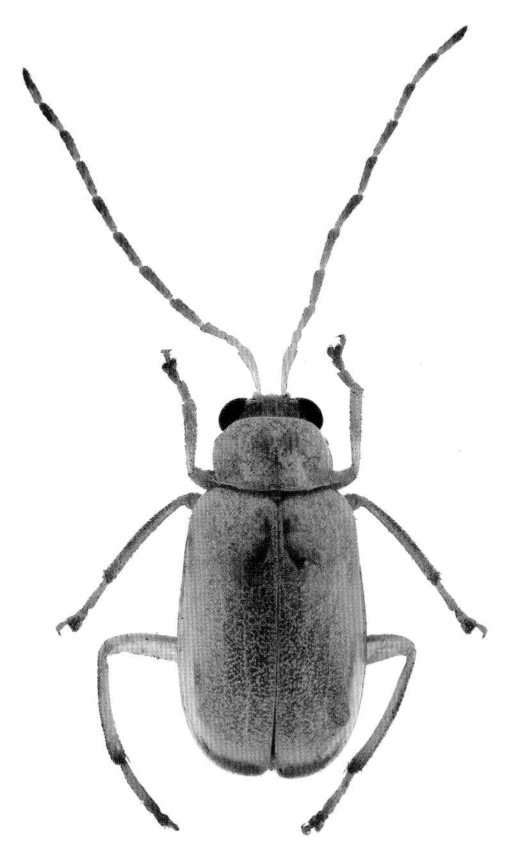

223
긴더듬이잎벌레아과

세점박이잎벌레

Paridea (Paridea) angulicollis (Motschulsky, 1854)

몸길이	5~5.7mm
출현시기	4~11월
분포	한국(중부, 남부), 일본, 대만, 중국
기주식물	하늘타리, 돌외 등

전체적으로 연갈색이며, 검고 둥근 무늬가 없는 경우도 있다. 앞가슴등판에는 미세한 점각이 불규칙하게 있고 가로 홈이 있다. 날개에 앞가슴등판보다 큰 점각이 불규칙하고 조밀하게 있다.

월동 성충은 4월 말에 등황색 둥근 알을 2~3개 땅속에 낳는다. 유충은 식물 뿌리를 먹으며, 약 25일 뒤에 번데기가 된다. 연 1회 발생한다.

224

긴더듬이잎벌레아과

네점박이잎벌레

Paridea (Paridea) oculata Laboissière, 1930

몸길이	5~5.7mm
출현시기	4~9월
분포	한국(남부), 일본, 중국
기주식물	돌외, 쥐참외, 팽나무 등

연갈색 바탕에 검고 둥근 무늬가 4개 있다. 앞가슴등판에는 미세한 점각이 불규칙하게 있고 가로 홈이 있다. 날개에 앞가슴등판 점각보다 큰 점각이 불규칙하고 조밀하게 있다. 유충은 땅속 식물뿌리를 가해하고 성충으로 월동한다. 남부지역에서 많은 성충이 팽나무 잎을 가해하는 경우가 많다.

225

긴더듬이잎벌레아과

열점박이별잎벌레

Oides decempunctatus (Billberg, 1808)

몸길이	9~14mm
출현시기	6~9월
분포	한국(전국), 중국, 대만, 베트남, 캄보디아, 라오스
기주식물	포도, 개머루, 머루, 담쟁이덩굴

연갈색이며 일부 개체는 앞가슴등판이 적갈색인 경우도 있다. 날개에 검고 둥근 무늬가 10개 있다. 앞가슴등판에 점각이 없다. 날개에 매우 강하고 볼록한 점각이 불규칙하게 있다. 성충과 유충이 개머루에 대발생해 잎을 가해하는 경우를 흔히 볼 수 있고 위협을 가하면 죽은 듯이 한동안 움직이지 않는다.

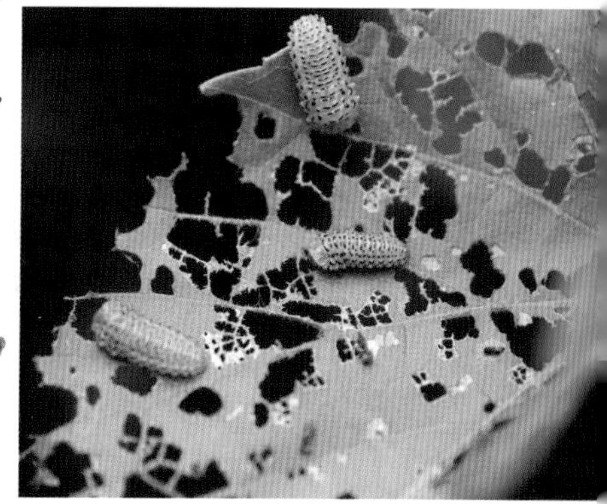

반짝잎벌레아과

Lamprosomatinae

두릅나무, 음나무 등을 먹는다. 유충은 집을 갖고 다니며 자유생활을 하는 다식자이지만 성충은 두릅나무과를 가해한다. 주로 식물 부식물을 먹으며 잎, 줄기, 나무껍질도 먹는다. 유충은 밤에 활동하기 때문에 생태가 거의 알려지지 않았다. 딱정벌레로서는 매우 드물게 유충 단계로 월동하며 봄에 번데기가 된다. 유충 집에서 번데기가 된다.

226

반짝잎벌레아과

두릅나무잎벌레

Oomorphoides cupreatus (Baly, 1873)

몸길이	2.8~3.3mm
출현시기	3~10월
분포	한국(전국), 일본
기주식물	두릅나무, 음나무, 송악

동색 또는 청색이다. 앞가슴등판 점각은 날개 점각보다 작다. 날개에 또렷한 점각 1줄이 부분적으로 있다.

3월 말에 두릅나무 잎에 출현해, 4월 말에서 5월 중하순에 걸쳐 산란한다. 알을 배설물로 덮어 종 모양으로 만들어 보호하고, 잎에 가늘고 긴 실로 거꾸로 달아 둔다. 부화한 유충은 통 속에서 생활하며, 성충은 3~6월, 8~10월 초에 나타난다.

227
반짝잎벌레아과

반짝잎벌레
Oomorphoides nigrocaeruleus (Baly, 1873)

몸길이	2.7~3.2mm
출현시기	5월
분포	한국(중부), 일본
기주식물	정보 부족

청색을 띠는 검은색이다. 앞가슴등판 점각은 날개 점각보다 작다. 앞가슴등판 옆 가장자리는 거의 직선이다. 날개에 전체적으로 점각이 있고, 점각과 점각 사이에 미세한 점각이 있다. 생태에 관해서는 알려진 게 없다.

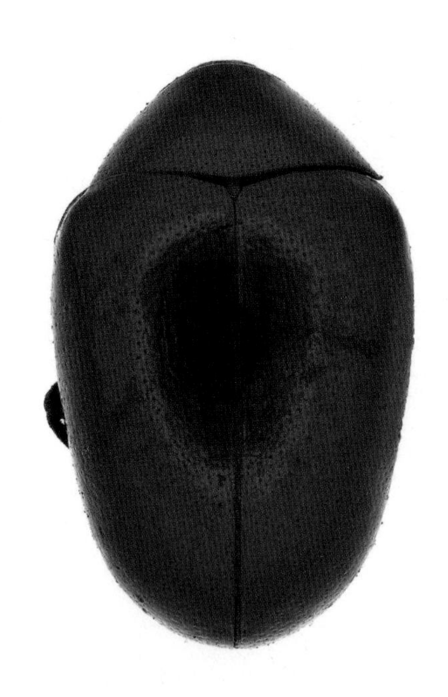

통잎벌레아과
Cryptocephalinae

통잎벌레류는 버드나무류, 참나무류, 싸리나무, 포플러, 자작나무류, 오리나무류, 개암나무류 등 다양한 식물을 가해하며, 벼과, 사초과를 먹이로 선택하는 성충은 주로 잎이 아니라 꽃가루와 꽃을 먹는다. 종에 따라 차이가 있지만 알 개수는 20~300개다. 유충은 특이하게 주로 땅 위에서 살며 일부만 또는 일시적으로 식물 위에서 산다. 전반적으로 보호용 집을 지고 다니는 유충은 기주식물 잎에서 자유생활을 한다. 유충은 부식물질을 먹거나 성충처럼 식물질을 먹는다. 점줄박이잎벌레(*C. fulvus*)는 영국에서 풀개미(*Lasius fuliginosus*)와 공생하는 것으로 알려져 있다.

큰가슴잎벌레류는 교목이나 관목류를 먹는 다식자로 참나무류, 싸리나무류, 밤나무류, 개암나무류, 물오리나무류, 자작나무류, 벚나무류, 산사나무류, 마가목류 등의 어리고 키 작은 것을 먹지만 소리쟁이류, 싱아류 같은 초본류도 먹는다. 버드나무과, 콩과, 국화과, 가지과, 메꽃과 등도 먹는다는 기록이 있다. 벼과의 꽃가루도 먹는다. 개미집 생활을 하는 큰가슴잎벌레는 성충 단계에서는 여러 식물을 먹는 다식자이지만 유충 단계 때는 개미 알이나 사체를 먹는 육식자, 배설물을 먹는 분식자이기도 하다. 짝짓기 시간은 1시간에서 며칠이 걸리며 암컷은 여러 수컷과 짝짓기를 하며, 짝짓기 후에 바로 알을 낳는다. 애가슴잎벌레속은 배설물로 알을 싸서 땅에 떨어뜨린다. 유충은 전형적으로 집을 지어 이동하며 땅에 떨어진 잎을 먹는다.

혹잎벌레류는 자작나무과, 참나무과, 개암나무과, 진달래과, 차나무과의 잎을 주로 먹는다. 유충은 집을 갖고 다니며 자유생활을 한다. 유충 집은 큰 곤충의 유충이나 배설물과 유사해 보여 개미와 같은 천적으로부터 몸을 보호할 수 있다. 성충은 딱딱한 외피나 독성 또는 머리를 가슴 밑으로 넣거나 배에 있는 홈으로 다리를 넣어 마치 씨앗이나 배설물처럼 보이게 하는 것으로 자신을 보호한다. 이 외에도 재빠른 비행, 반사적인 낙하로 자신을 보호한다.

228

통잎벌레아과

넉점박이큰가슴잎벌레

Clytra (Clytra) arida Weise, 1889

몸길이	8~11mm
출현시기	5~7월
분포	한국(북부, 중부, 남부), 일본, 중국, 몽골, 러시아
기주식물	싸리류, 버드나무류, 자작나무

머리, 앞가슴, 다리는 검은색이다. 날개는 적갈색이며 어깨와 가운데 부근에 검은 무늬가 있으나 가운데에는 무늬가 없는 경우도 있다. 앞가슴등판은 다소 균일하지 않으며 미세한 점각이 있고 뒤 가장자리는 둥글다. 날개에 약한 점이 불규칙하게 있다.

성충은 5~10월에 산지 초원에서 볼 수 있다. 생태는 불분명하지만, 산개미와 함께 사는 것으로 추정한다.

229 민가슴잎벌레

통잎벌레아과

Coptocephala orientalis Baly, 1873

몸길이	4.5~5.5mm
출현시기	6~8월
분포	한국(전국), 일본, 중국, 몽골, 러시아
기주식물	사철쑥

머리, 작은방패판, 다리, 배는 검은색이다. 앞가슴등판은 노란색에서 적갈색이다. 날개는 노란색에서 적갈색이나 기부와 가운데 부근에는 검은색 무늬가 있다. 앞가슴등판에는 미세한 점각이 성기게 있다. 날개 점각은 강하고 불규칙하다. 앞다리는 다른 다리에 비해 훨씬 길고 가늘다.
성충은 여름에 하천변 사철쑥 잎에서 보인다.

230

통잎벌레아과

동양잎벌레

Labidostomis (Labidostomis) amurensis amurensis Heyden, 1884

몸길이	7~9.5mm
출현시기	5~6월
분포	한국(전국), 몽골, 러시아(아무르)
기주식물	싸리류, 가는기린초

머리, 앞가슴등판, 작은방패판, 다리는 흑청색이고 날개는 연한 갈색이며 가끔 어깨 부근에 검은 무늬가 있다. 수컷의 큰턱은 크게 튀어나왔고 바깥 가장자리는 날카롭다. 암컷은 큰턱이 발달하지 않았다. 날개에 작은 점각이 있고 세로줄이 있는 부분도 있다. 기주식물 잎 뒷면에 알 여러 개를 세워서 낳는다.

231
통잎벌레아과

중국잎벌레

Labidostomis (Labidostomis) chinensis Lefèvre, 1887

몸길이	8mm
출현시기	7월
분포	한국(북부, 중부), 중국, 몽골, 러시아
기주식물	싸리나무류, 황철나무류

머리, 앞가슴등판, 작은방패판은 흑청색이다. 머리에 전체적으로 긴 털이 있다. 정수리에는 점각이 없다. 앞가슴등판에는 점각이 성기게 있고 길게 누운 털이 있다. 날개에 약한 점각이 불규칙하게 있다. 생태에 관해서는 알려진 게 없다.

232

통잎벌레아과

밤나무잎벌레

Physosmaragdina nigrifrons (Hope, 1843)

몸길이 4.8~5.5mm

출현시기 5~9월

분포 한국(전국), 일본, 중국, 베트남

기주식물 참억새, 개망초, 밤나무, 참나무류 등

머리는 검은색이다. 앞가슴등판은 노란색을 띠는 붉은색이거나 검은 무늬가 있는 경우도 있다. 날개는 노란색을 띠는 적갈색이며 어깨와 가운데 부근에 검은 무늬가 있으나, 무늬 변이가 많아 없는 경우도 있다. 앞가슴등판에는 광택이 돌며 점각이 세밀하게 있다. 날개에 점각이 조밀하고 불규칙하게 있다. 생태에 관해서는 알려진 게 없다.

233
통잎벌레아과

청남색잎벌레

Smaragdina aurita hammarstroemi
(Jacobson, 1901)

몸길이	4.5~6.2mm
출현시기	7~8월
분포	한국(북부, 중부, 남부), 일본, 중국, 러시아, 유럽
기주식물	오리나무, 버드나무류

머리와 날개는 검은색이다. 앞가슴등판은 노란색을 띠는 붉은색 바탕에 넓고 검은 세로무늬가 있다. 앞가슴등판 기부에 점각이 있고 뒷모서리는 둥글다. 날개 점각은 전체적으로 조밀하고 불규칙하다. 생태에 관해서는 알려진 게 없다.

234

통잎벌레아과

만주잎벌레

Smaragdina mandzhura (Jacobson, 1925)

몸길이	3~4mm
출현시기	4~6월
분포	한국(전국), 일본, 중국, 몽골, 러시아
기주식물	멧대추나무, 느릅나무, 억새류

전체적으로 금속성 초록색이나, 더듬이는 흑갈색인 기부 3마디를 제외하고는 검은색이다. 수컷의 윗입술은 좁은 삼각형이다. 앞가슴등판에는 강하고 거친 점각이 있다. 날개 점각은 강하며 전체적으로 조밀하고 불규칙하다. 생태에 관해서는 알려진 게 없다.

235 황갈색가슴잎벌레

통잎벌레아과

Smaragdina nipponensis (Chûjô, 1951)

몸길이	5.2~6.2mm
출현시기	5월
분포	한국(남부), 일본, 중국, 대만
기주식물	밤나무, 층층나무, 개서어나무, 졸참나무 등

연한 적갈색이다. 앞가슴등판은 옆 가장자리가 발달했으며 위로 적당하게 솟았고, 전체적으로 미세한 점각이 있다. 작은 방패판은 끝이 잘린 듯한 모양이다. 날개에 미세한 점각이 불규칙하게 있다. 생태에 관해서는 알려진 게 없다.

236
통잎벌레아과

반금색잎벌레

Smaragdina semiaurantiaca (Fairmaire, 1888)

몸길이	5.2~6mm
출현시기	4~8월
분포	한국(북부, 중부, 남부), 일본, 중국
기주식물	보리장나무, 버드나무류, 느릅나무, 물오리나무

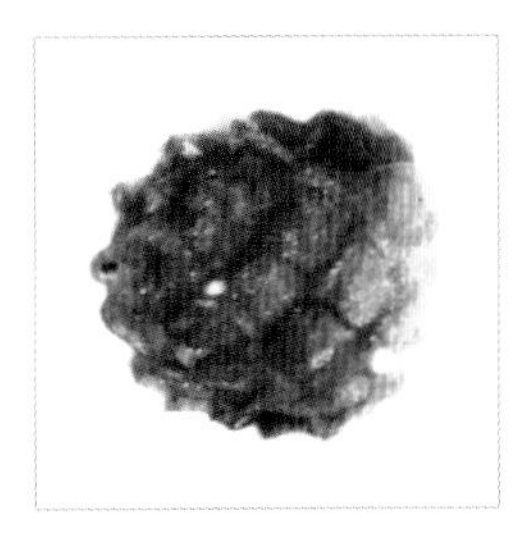

머리와 날개는 청색이나, 앞가슴등판, 더듬이, 다리는 노란색을 띠는 갈색이다. 앞가슴등판에는 성기게 점각이 있으며, 뒤쪽 모서리는 둥글다. 날개 점각은 전체적으로 조밀하고 불규칙하게 있다.

봄에 알을 배 끝부분 오목한 곳에 1개씩 붙여서 뒷발로 여러 번 굴린 다음 땅에 떨어뜨린다. 5~6분마다 이런 행동을 반복하며 알을 낳는다. 아마 다른 곤충이 알을 공격하지 못하도록 방어 물질을 바르는 것으로 추정된다. 노란색 알은 약 0.5mm로 장타원형이며, 약 2/3 이상이 연두색 알주머니에 싸여 있다. 알주머니 표면은 가로세로로 나뉘어 있어 사각형이나 마름모꼴 방으로 이루어진다. 성충은 버드나무류를 가해한다.

237
통잎벌레아과

야마다잎벌레

Cryptocephalus (*Asionus*) *hirtipennis*
Faldermann, 1835

몸길이	4~5mm
출현시기	7~8월
분포	한국(중부), 일본, 중국, 러시아
기주식물	정보 부족

머리 및 앞가슴등판은 검은색이다. 날개 및 작은방패판은 흑청색이다. 앞가슴등판에는 점각이 적당히 있다. 앞가슴등판 뒤쪽 모서리는 점차 넓어지며 날개 기부와 맞닿는다. 날개 점각은 비교적 규칙적이며, 날개는 털로 덮여 있다. 생태에 관해서는 알려진 게 없다.

238
통잎벌레아과

콜체잎벌레

Cryptocephalus (Asionus) koltzei koltzei Weise, 1887

몸길이	4~5.2mm
출현시기	5~7월
분포	한국(전국), 중국, 러시아
기주식물	쑥, 싸리

검은색이며 앞가슴등판 앞과 옆 가장자리는 갈색이다. 날개에 큰 갈색 무늬가 5개 있다. 몸 윗면에는 전체적으로 털이 있다. 앞가슴등판에는 날개 점각보다는 작은 점각이 있다. 날개 점각은 가운데를 제외하고 비교적 규칙적이다.

성충은 6월경 쑥에서 쉽게 관찰할 수 있다.

239
통잎벌레아과

세메노브잎벌레

Cryptocephalus (*Asionus*) *limbellus semenovi* Weise, 1889

몸길이	3.2~4.2mm
출현시기	6~9월
분포	한국(전국), 일본, 중국, 러시아
기주식물	쑥류

날개는 노란색 또는 갈색이며, 봉합선과 양 옆으로 검은 세로 줄무늬가 있다. 앞가슴등판에는 강한 점각이 조밀하게 있다. 날개 점각은 강하고 불규칙하며 날개는 털로 덮여 있다. 생태에 관해서는 알려진 게 없다.

240

통잎벌레아과

두줄통잎벌레

Cryptocephalus (*Burlinius*) *bilineatus* (Linnaeus, 1767)

몸길이 2~3mm

출현시기 7~8월

분포 한국(전국), 러시아(시베리아)

기주식물 버드나무류

머리에 점각이 있고 머리 가운데는 오목하다. 앞가슴등판에 미세한 세로줄이 있고 전체적으로 점각이 성기게 있다. 날개에 점각이 11줄 있다. 생태에 관해서는 알려진 게 없다.

241
통잎벌레아과

북한잎벌레

Cryptocephalus (*Burlinius*) *confusus* Suffrian, 1854

몸길이	2.3~3.4mm
출현시기	5~7월
분포	한국(전국), 일본, 중국, 몽골, 러시아
기주식물	졸참나무

흑청색이나 앞가슴등판 앞 가장자리는 연갈색이다. 배는 흑갈색이고 다리는 적갈색이나 뒷다리 넓적다리마디는 검은색이다. 머리에는 점각이 있다. 앞가슴등판에는 강한 점각이 조밀하게 있다. 날개에 점각이 규칙적으로 있고 점각과 점각 사이는 평탄하다. 생태에 관해서는 알려진 게 없다.

242

통잎벌레아과

부전령잎벌레

Cryptocephalus (*Burlinius*) *exiguus amiculus* Baly, 1873

몸길이	2~2.4mm
출현시기	6~8월
분포	한국(전국), 일본, 중국, 러시아(시베리아)
기주식물	싸리류, 졸참나무

전체적으로 검은색이다. 머리는 노란 갈색이며, 머리 앞쪽으로 포크 같은 가운데선이 있다. 다리는 노란색을 띠는 갈색이다. 앞가슴등판은 점각 없이 매끈하다. 날개 점각은 규칙적으로 줄지어 있다. 생태에 관해서는 알려진 게 없다.

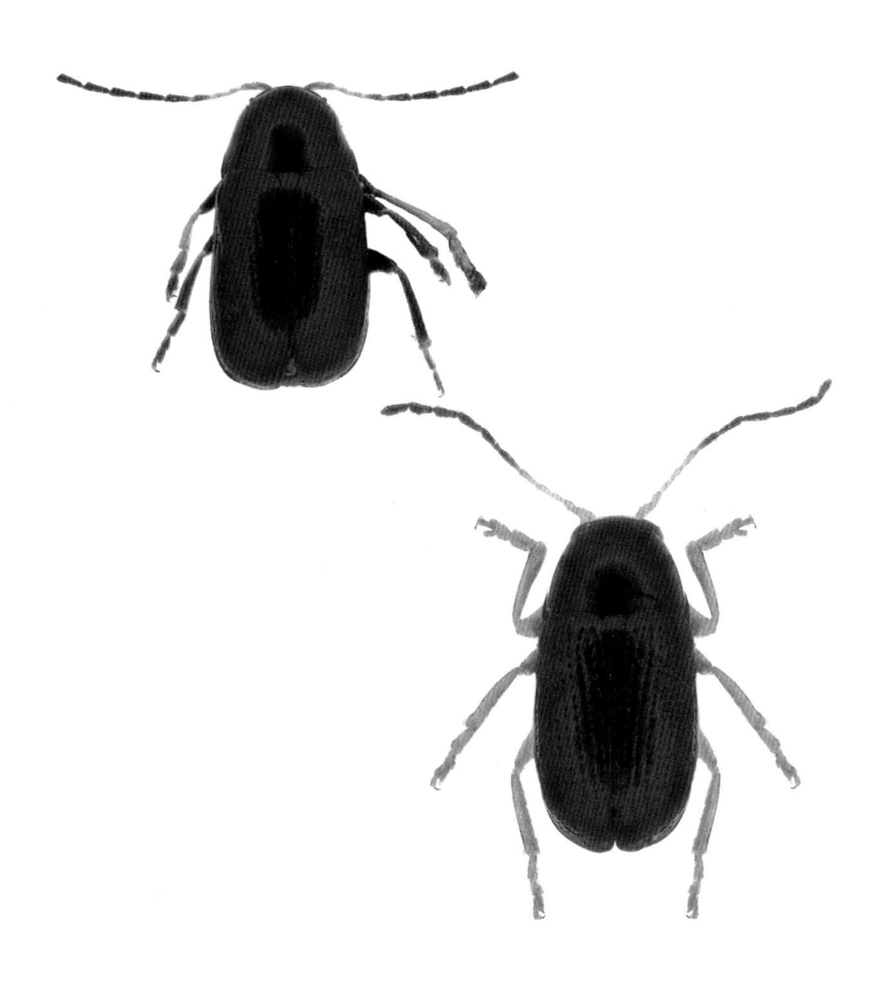

243
통잎벌레아과

점줄박이잎벌레

Cryptocephalus (*Burlinius*) *fulvus fuscolineatus* Chûjô, 1940

몸길이	2~2.5mm
출현시기	6~8월
분포	한국(전국), 일본, 중국, 러시아, 유럽
기주식물	사철쑥

연한 적갈색이다. 앞가슴등판에는 불분명한 무늬가 있거나 없으며, 기부 가장자리에는 검은 무늬가 있다. 작은방패판과 봉합선은 검은색이다. 앞가슴등판에는 미세한 점각이 있다. 날개 점각은 11줄로 규칙적이고, 점각열과 점각열 사이에 미세한 점각이 있다.

성충이 7월에 사철쑥에서 관찰된다. 실내에서는 사철쑥 잎에 알을 세워 낳는데, 야외에서 어떻게 알을 낳는지는 잘 알려지지 않았다.

244

통잎벌레아과

외줄통잎벌레

Cryptocephalus (*Burlinius*) *nigrofasciatus* Jacoby, 1885

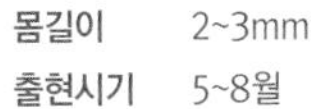

몸길이	2~3mm
출현시기	5~8월
분포	한국(전국), 일본, 중국
기주식물	잡싸리, 개암나무, 버드나무류

앞가슴등판은 적갈색이다. 날개는 노란 바탕에 적갈색이며 검고 넓은 세로 줄무늬가 있다. 이 무늬는 불분명하거나 없기도 하다. 앞가슴등판에는 강하고 약한 점각이 있다. 날개 점각은 규칙적이다.

우리나라에서는 주로 6~8월에 저지대에 있는 버드나무류에서 성충이 많이 발견된다.

245

통잎벌레아과

닮은외줄통잎벌레

Cryptocephalus (*Burlinius*) *sagamensis* Tomov, 1982

몸길이 2~3mm
출현시기 5~10월
분포 한국(전국)
기주식물 버드나무류

연갈색이다. 날개에 가끔 끝으로 갈수록 봉합선 쪽으로 좁아지는 불분명하고 검은 세로무늬가 있다. 앞가슴등판에는 매우 강한 점각이 있다. 날개 점각은 강하고 규칙적이며 점각열과 점각열 사이는 솟았다. 외줄통잎벌레처럼 저지대 버드나무류에서 관찰하기 쉽다.

246

통잎벌레아과

청남색통잎벌레

Cryptocephalus (*Cryptocephalus*) *aeneoblitus* Takizawa, 1975

몸길이	4~5mm
출현시기	5~8월
분포	한국(중부, 남부), 일본
기주식물	호장근, 버드나무류, 자작나무, 까치박달, 철쭉, 졸참나무, 밤나무, 싸리류 등

금속성 광택을 띠는 청색이다. 가운뎃다리 및 뒷다리는 검은색이고 앞다리는 노란색을 띠는 갈색이다. 날개에 비교적 강한 주름이 있고, 점각은 불규칙하다. 배끝마디(항문상판)는 거의 반원 모양이며 가장자리와 평행하게 깊은 홈이 있다. 생태에 관해서는 알려진 게 없다.

247
통잎벌레아과

어깨두점박이잎벌레

Cryptocephalus (*Cryptocephalus*) *bipunctatus cautus* Weise, 1893

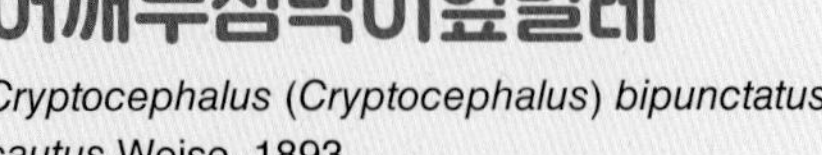

몸길이	4~6mm
출현시기	6~8월
분포	한국(전국), 중국, 러시아(시베리아), 유럽
기주식물	상수리나무류, 버드나무류

머리, 앞가슴등판, 작은방패판, 다리는 검은색이다. 날개는 밝은색이나 어깨, 기부 가장자리, 봉합선은 검은색이다. 앞가슴등판에는 점각이 없다. 날개에 점각이 11줄 있고 부분적으로 불규칙하다. 생태에 관해서는 알려진 게 없다.

248
통잎벌레아과

소요산잎벌레

Cryptocephalus (Cryptocephalus) hyacinthinus Suffrian, 1860

몸길이	3~4.5mm
출현시기	5~8월
분포	한국(전국), 일본, 중국, 러시아
기주식물	밤나무, 개암나무, 황철나무, 참나무류, 단풍딸기, 사과나무, 돌배나무 등

전체적으로 청색이다. 다리는 검은색이나 밑마디는 적갈색이다. 앞가슴등판에는 약한 점각이 성기게 있다. 날개에 강한 점각이 불규칙하게 있다. 배끝마디(항문상판)는 거의 사다리꼴이다. 수컷 생식기 끝부분 좌우 돌기는 2쌍으로, 1쌍은 매우 가늘고 길다. 생태에 관해서는 알려진 게 없다.

249

통잎벌레아과

닮은애통잎벌레

Cryptocephalus (Cryptocephalus) limbatipennis
Jacoby, 1885

몸길이	3.2~3.6mm
출현시기	7~8월
분포	한국(남부), 일본, 중국
기주식물	정보 부족

앞가슴등판 양옆에 크고 검은 무늬가 2개 있다. 날개는 양옆과 봉합선에 넓고 검은 세로무늬가 있다. 앞가슴등판에는 강한 점각이 조밀하게 있다. 날개 점각은 11줄로 규칙적이다. 생태에 관해서는 알려진 게 없다.

250

통잎벌레아과

광릉잎벌레

Cryptocephalus (*Cryptocephalus*) *luridipennis pallescens* Kraatz, 1879

몸길이	4.5~5mm
출현시기	6~7월
분포	한국(전국), 일본, 중국, 러시아
기주식물	버드나무류, 오리나무, 아그배나무, 싸리류, 고삼 등

앞가슴등판은 적갈색이며 가운데와 옆에 검은색 무늬가 있다. 또한 검은색 바탕에 연갈색 무늬가 2개 있거나, 검은색 무늬가 4개 있거나, 어깨 부근에 작은 무늬만 있기도 하다. 앞가슴등판에는 약한 점각이 있고, 날개 점각은 불규칙하다. 생태에 관해서는 알려진 게 없다.

251

통잎벌레아과

육점박이통잎벌레

Cryptocephalus (*Cryptocephalus*) *multiplex multiplex* Suffrian, 1860

몸길이	4.2~5.6mm
출현시기	4~7월
분포	한국(북부, 중부), 중국, 네팔, 러시아
기주식물	정보 부족

앞가슴등판 옆면에는 검은 무늬가 있다. 날개에 둥근 무늬 3개 또는 넓은 줄무늬 2개가 있다. 앞가슴등판에는 미세한 점각이 있다. 날개 점각은 불규칙하다. 생태에 관해서는 알려진 게 없다.

252

통잎벌레아과

북방통잎벌레

Cryptocephalus (Cryptocephalus) nitidulus Fabricius, 1787

몸길이 3.5~5.2mm

출현시기 5~7월

분포 한국, 일본, 중국, 러시아, 유럽

기주식물 정보 부족

밝은 초록색 또는 흑청색이다. 앞가슴등판 앞 가장자리와 뒷모서리는 주로 적갈색이다. 앞가슴등판은 매끈하며 매우 미세한 점각이 성기게 있다. 날개 점각은 불규칙하나 부분적으로 줄을 이루기도 한다. 수컷 생식기 끝부분 좌우 돌기는 1쌍으로 짧다. 생태에 관해서는 알려진 게 없다.

253
통잎벌레아과

하이덴통잎벌레

Cryptocephalus (*Cryptocephalus*) *ochroloma* Gebler, 1829

몸길이	7~7.5mm
출현시기	6월
분포	한국(북부, 중부), 중국, 러시아
기주식물	정보 부족

전체적으로 흑청색이나 앞가슴등판과 날개 가장자리는 밝은 노란색이며 다리는 검은색이다. 앞가슴등판에는 약한 점각이 있다. 날개 점각은 강하고 불규칙하며, 점각 사이는 솟았다. 생태에 관해서는 알려진 게 없다.

254

통잎벌레아과

등줄잎벌레

Cryptocephalus (*Cryptocephalus*) *parvulus* Müller, 1776

몸길이	3.5~4.5mm
출현시기	5~7월
분포	한국(전국), 일본, 중국, 몽골, 러시아, 유럽
기주식물	오리나무, 졸참나무, 자작나무, 버드나무류

청색이거나 초록빛을 띠는 청색이다. 앞가슴등판에는 매우 약한 점각이 있고 옆면에는 주름이 없다. 날개 점각은 강하고 규칙적이다. 생태에 관해서는 알려진 게 없다.

255
통잎벌레아과

팔점박이잎벌레

Cryptocephalus (*Cryptocephalus*) *peliopterus peliopterus* Solsky, 1872

몸길이	7~8.2mm
출현시기	5~7월
분포	한국(중부, 남부), 일본, 중국, 러시아
기주식물	떡갈나무, 졸참나무, 밤나무, 호장근, 참마, 싸리 등

앞가슴등판은 적갈색 바탕에 검은 세로 줄무늬 또는 다른 무늬가 1쌍 있다. 날개는 연갈색이며 검은 점이 4개 있다. 앞가슴등판에는 점각이 조밀하게 있다. 날개 점각은 불규칙하다. 수컷은 배에 돌기가 1쌍 있다. 생태에 관해서는 알려진 게 없다.

256
통잎벌레아과

고려육점박이잎벌레

Cryptocephalus (Cryptocephalus) regalis regalis
Gebler, 1829

몸길이	4.7~6mm
출현시기	7~8월
분포	한국(전국), 중국, 몽골, 러시아
기주식물	정보 부족

전체적으로 금속성 초록색에 털이 있다. 날개는 노란색 바탕에 초록색 무늬가 있거나 전체가 초록색인 경우도 있다. 앞가슴등판에는 매우 미세한 점각이 깊게 있다. 날개 점각은 불규칙하고 날개에 가로로 주름이 있다. 생태에 관해서는 알려진 게 없다.

257

통잎벌레아과

육점통잎벌레

Cryptocephalus (*Cryptocephalus*) *sexpunctatus sexpunctatus* (Linnaeus, 1758)

몸길이	5~6mm
출현시기	5~6월
분포	한국(전국), 일본, 중국, 러시아, 유럽
기주식물	사시나무류

앞가슴등판은 검은색이나 옆과 앞 가장자리 부근과 가운데에 적갈색 무늬가 있다. 날개는 기부에 2개, 끝 부근에 1개씩 검은 무늬가 있다. 앞가슴등판에는 강한 점각이 깊게 있다. 날개 점각은 강하고 불규칙하다. 수컷의 마지막 배마디는 넓게 파였고 파인 부근 가운데에는 삼각형 돌기가 있다. 생태에 관해서는 알려진 게 없다.

258

통잎벌레아과

십사점통잎벌레

Cryptocephalus (Cryptocephalus) tetradecaspilotus Baly, 1873

몸길이	3.7~5.2mm
출현시기	7~8월
분포	한국(중부, 남부), 일본, 대만, 중국
기주식물	참싸리, 진퍼리까치수염, 큰까치수염

연갈색이다. 앞가슴등판에는 둥근 무늬가 있다. 날개에 2: 2: 1형태로 검은 무늬가 있다. 앞가슴등판에는 강한 점각이 있으며 간실에는 점각이 조밀하게 있다. 날개 점각은 규칙적이다.

성충은 7~8월에 진퍼리까치수염에서 나타난다. 유충은 큰까치수염, 진퍼리까치수염, 싸리류의 잎 또는 낙엽을 먹고 성장하며, 다음 해 6월 중순에 우화한다.

259

통잎벌레아과

아무르잎벌레

Cryptocephalus (*Cryptocephalus*) *tetrathyrus* Solsky, 1872

몸길이 4.7~5.7mm
출현시기 5~7월
분포 한국(중부), 러시아
기주식물 정보 부족

검은색이다. 앞가슴등판 기부 쪽에 연갈색 둥근 무늬가 있다. 날개에 크고 둥근 무늬가 2개 있다. 앞가슴등판에는 작은 점각이 성기게 있다. 날개 점각은 강하며 불규칙하다. 생태에 관해서는 알려진 게 없다.

260

통잎벌레아과

부전령잎벌레붙이

Cryptocephalus (*Heterichnus*) *coryli* (Linnaeus, 1758)

몸길이	5.5~6.5mm
출현시기	7월
분포	한국(북부), 러시아(시베리아), 유럽
기주식물	개암나무, 버드나무류, 자작나무류

암컷은 앞가슴등판과 날개가 적갈색이나 수컷은 앞가슴등판이 검은색이다. 작은방패판은 검은색이다. 날개의 어깨 부근과 후방 중앙 부근에 검은 무늬가 있지만 개체에 따라 무늬가 없는 경우도 많으며 변이가 다양하다. 생태에 관해서는 알려진 게 없다.

261
통잎벌레아과

네점통잎벌레

Cryptocephalus (Heterichnus) nobilis Kraatz, 1879

몸길이	4.8~6.4mm
출현시기	5~6월
분포	한국(전국), 일본, 러시아
기주식물	정보 부족

전체적으로 검은색이며 날개에 연갈색 둥근 무늬가 2개 있다. 앞가슴등판에는 약한 점각이 매우 조밀하게 있다. 날개 점각은 강하고 불규칙하며, 날개 가운데에 가로 주름이 있다. 생태에 관해서는 알려진 게 없다.

262
통잎벌레아과

톱니발톱잎벌레(신칭)

Suffrianus pumilio (Suffrian, 1854)

몸길이	2~2.5mm
출현시기	5~7월
분포	한국(남부; 한국미기록), 일본, 중국, 러시아
기주식물	정보 부족

짙은 청람색이다. 앞가슴등판 점각은 날개 점각보다 약간 작다. 날개 점각은 규칙적이다. 발톱에 톱니 모양 돌기가 있다. 생태에 관해서는 알려진 게 없다.

263

통잎벌레아과

검정좁쌀잎벌레

Coenobius obscuripennis Chûjô, 1935

몸길이	1.5~1.8mm
출현시기	7~8월
분포	한국(중부), 일본, 대만
기주식물	자귀나무, 아왜나무

검은색이다. 앞가슴등판 점각은 옆면과 기부 가장자리를 따라 1줄 있다. 날개 점각은 강하고 규칙적이며, 점각열과 점각열 사이는 솟았다. 생태에 관해서는 알려진 게 없다.

264

통잎벌레아과

극동좀통잎벌레

Pachybrachis (*Pachybrachis*) *amurensis* Medvedev, 1973

몸길이	2.5~3.3mm
출현시기	7~8월
분포	한국(전국), 러시아
기주식물	정보 부족

전체적으로 검은색이다. 앞가슴등판의 점각은 비교적 가늘고 조밀하다. 날개 기부와 옆 가장자리는 흰색을 띠는 노란색이다. 날개 점각은 앞가슴등판 점각보다 강하고 불규칙하다. 생태에 관해서는 알려진 게 없다.

265
통잎벌레아과

북방좀통잎벌레

Pachybrachis (Pachybrachis) distictopygus (Jacobson, 1901)

몸길이 3~3.5mm
출현시기 5~6월
분포 한국(남부), 중국, 몽골
기주식물 싸리나무류

겹눈 주변에 노란색 무늬가 있다. 앞가슴등판은 붉은색을 띤 노란색 바탕에 검은 무늬가 5개 있다. 앞가슴등판에는 매우 강한 점각이 있다. 날개 점각은 부분적으로 규칙적이며 점각 열 사이는 많이 솟았다. 생태에 관해서는 알려진 게 없다.

266

통잎벌레아과

금강산잎벌레

Pachybrachis (Pachybrachis) ochropygus (Solsky, 1872)

몸길이	3.2~4.3mm
출현시기	7~8월
분포	한국(전국), 중국, 러시아(시베리아)
기주식물	싸리나무류, 버드나무류

머리는 연갈색이나 머리 앞쪽으로 포크 같은 가운데선이 있다. 앞가슴등판에 검은 M자 무늬가 있다. 날개에 검은 세로 줄무늬와 다른 무늬 3개가 있다. 앞가슴등판에는 매우 강한 점각이 있다. 날개 점각은 봉합선 절반 부근과 기부 1/3 부근에서 불규칙하다. 생태에 관해서는 알려진 게 없다.

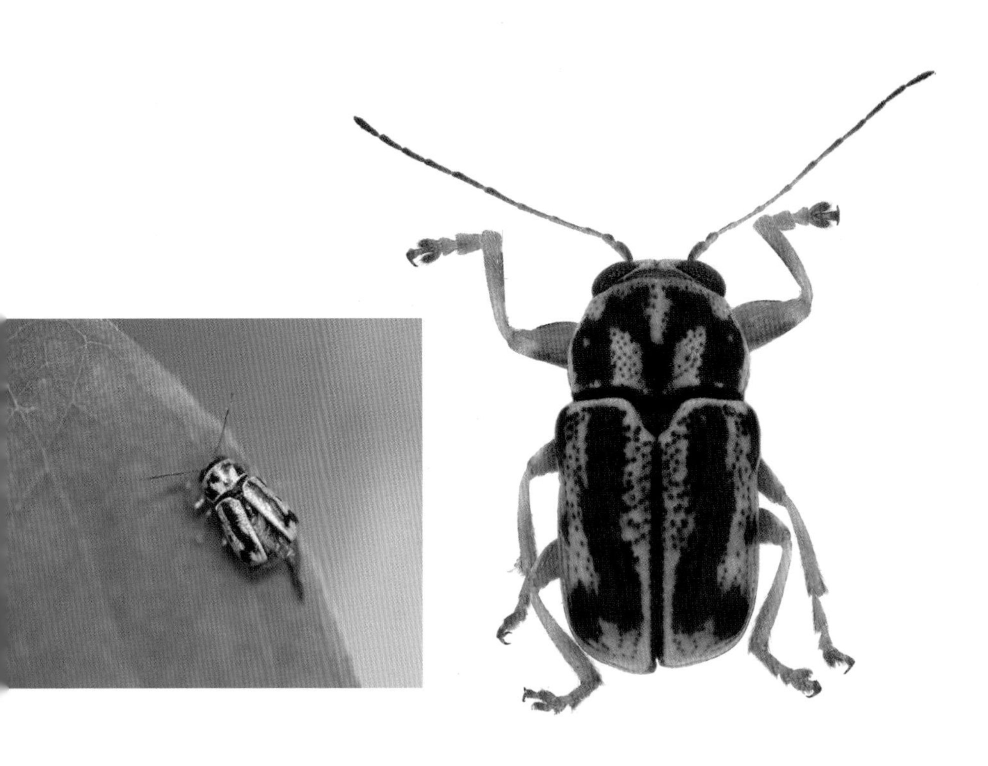

267
통잎벌레아과

삼각산잎벌레

Pachybrachis (Pachybrachis) scriptidorsum Marseul, 1875

몸길이	3~4.5mm
출현시기	5~8월
분포	한국(전국), 중국, 몽골, 러시아
기주식물	싸리나무류, 쑥류

머리는 노란 갈색이나 머리 앞쪽으로 포크 같은 가운데선이 있다. 앞가슴등판은 연갈색 바탕에 검은 M자 무늬가 있다. 날개에 검은 줄무늬가 5개 있다. 앞가슴등판에는 매우 강한 점각이 있다. 날개 점각은 기부 1/3까지는 11줄이다. 생태에 관해서는 알려진 게 없다.

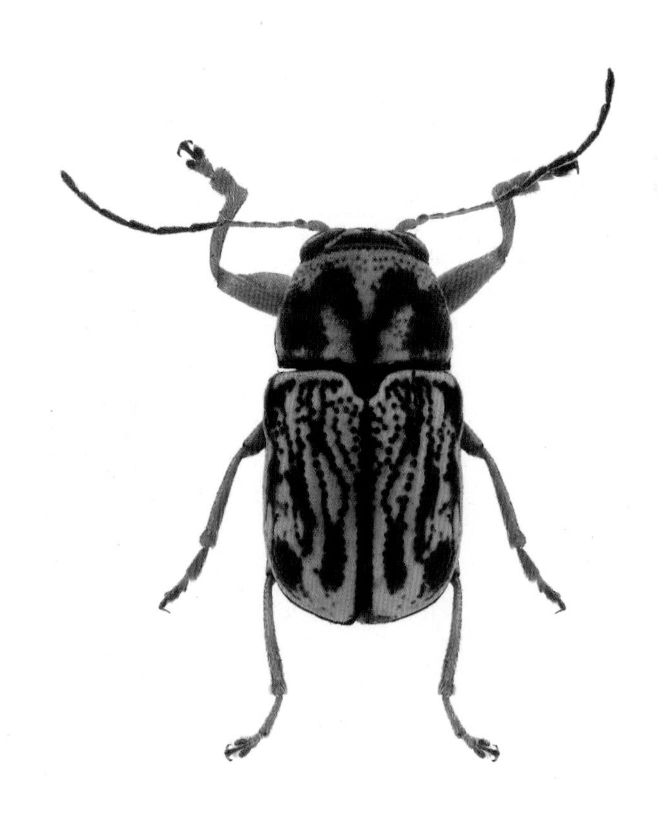

268
통잎벌레아과

애혹잎벌레

Chlamisus diminutus (Gressitt, 1942)

몸길이	2.2~2.8mm
출현시기	5~9월
분포	한국(전국), 일본, 대만, 중국
기주식물	정보 부족

전체적으로 검은색이나 다리는 암갈색이다. 앞가슴등판에는 매우 강한 점각이 조밀하게 있고 뒤쪽에는 옆으로 예리하게 튀어나온 돌기가 있다. 날개 점각은 불규칙하다. 항문 부위에는 격리된 함몰부가 4개 있다. 생태에 관해서는 알려진 게 없다.

269

통잎벌레아과

두꺼비잎벌레

Chlamisus pubiceps (Chûjô, 1940)

몸길이 2.5~3mm
출현시기 5~8월
분포 한국(전국), 중국
기주식물 방아풀

검은색이다. 머리에는 강하고 거친 점각과 은색 털이 있다. 앞가슴등판 가운데에는 불규칙하고 크기가 다양한 돌기가 있다. 날개 봉합선에는 이빨 같은 돌기가 있고 날개 점각에는 털이 있다. 날개에 불규칙한 돌기들이 있다. 항문 부위에는 불분명하게 격리된 함몰부가 4개 있다. 생태에 관해서는 알려진 게 없다.

270
통잎벌레아과

혹잎벌레
Chlamisus spilotus (Baly, 1873)

몸길이	2.7~3.5mm
출현시기	4~7월
분포	한국(중부, 남부), 일본, 중국
기주식물	졸참나무, 벚나무

검은색 바탕에 작은 암갈색 무늬가 불규칙하게 있다. 머리는 검은 무늬가 있는 적갈색이다. 앞가슴등판 중앙은 볼록하며 불규칙하고 다양한 크기의 돌기가 있다. 날개 봉합선에는 이빨 같은 불규칙한 돌기가 있다. 항문 부위에 옆면 돌기와 만나는 가로 융기선 2개가 없다.

월동 성충은 4월 중순에 나타나, 4월 말에는 알을 낳는다. 성충은 9월 초까지 활동하며, 연 1회 발생하는 것으로 추정된다.

꼽추잎벌레아과

Eumolpinae

기주식물은 참나무과, 옻나무과, 포도과, 메꽃과, 대극과, 아욱과, 장미과, 꼭두서니과, 벽오동과, 사초과 등이다. 성충은 잎이나 열매에, 유충은 뿌리에 피해를 입힌다. 성충은 잎이나 기주식물 줄기에 알을 낳지만 토양 틈이나 지표면에도 알을 낳는다. 유충은 부화하자마자 땅속으로 들어간다. 경기잎벌레, 흰가루털꼽추잎벌레는 배설물로 알을 싸서 천적으로부터 보호한다. 많은 꼽추잎벌레아과 성충은 방어 효과가 있는 밝은 경계색이나 경고색을 띠며, 이것은 기주식물의 독성과 관련이 있다. 큰꼽추잎벌레속, 금록색꼽추잎벌레속, 주홍꼽추잎벌레속, 털꼽추잎벌레속, 고구마잎벌레속 등은 초록색, 붉은색, 청색, 자주색 등 독성과 영향이 있는 밝은색을 띠고 있어 몸을 보호할 수 있다. 고구마잎벌레, 중국청람색잎벌레는 위협을 받으면 방어행동으로 죽은 체하며 꼼짝하지 않는다. 유충은 땅속에서 식물 뿌리를 먹는다.

271

꼽추잎벌레아과

주홍꼽추잎벌레

Acrothinium gaschkevitchii gaschkevitchii
(Motschulsky, 1860)

몸길이	5.5~7.5mm
출현시기	5~8월
분포	한국(남부, 제주도), 일본, 대만, 중국, 러시아(시베리아)
기주식물	포도나무, 머루, 참개암나무, 박하

앞가슴등판은 초록이고 날개는 금빛을 띠는 붉은색 또는 동색이다. 날개 가장자리는 초록색이다. 앞가슴등판과 날개에 강한 점각과 털이 불규칙하게 있다. 생태에 관해서는 알려진 게 없다.

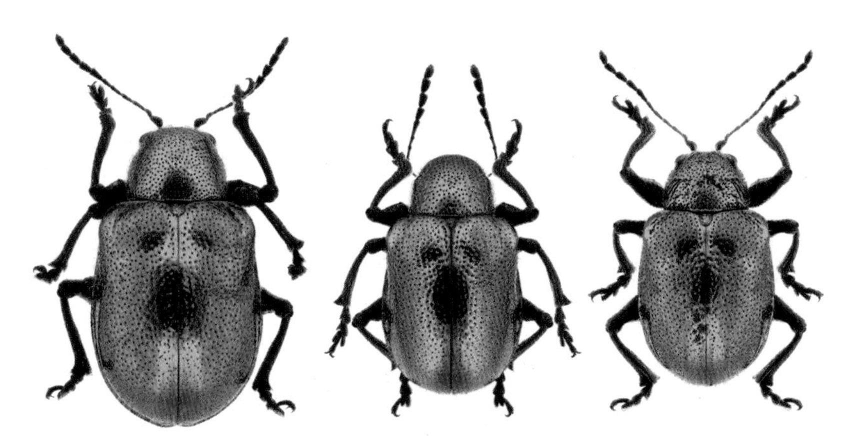

272

꼽추잎벌레아과

맵시꼽추잎벌레

Aoria rufotestacea Fairmaire, 1889

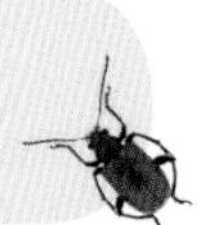

몸길이	5.5~7mm
출현시기	5~8월
분포	한국(전국), 중국
기주식물	정보 부족

머리, 가슴, 작은방패판, 다리는 검다. 날개는 적갈색이며, 노란색을 띠는 흰색 긴 털로 덮여 있다. 앞가슴등판은 볼록하며, 강한 점각이 있다. 날개에 2~3개 점각이 거의 규칙적으로 줄을 이루며, 점각열과 점각열 사이에 작은 점각은 없다. 생태에 관해서는 알려진 게 없다.

273

꼽추잎벌레아과

닮은맵시꼽추잎벌레

Aoria scutellaris Pic, 1923

몸길이	4~6mm
출현시기	5~8월
분포	한국(중부, 남부), 중국
기주식물	정보 부족

머리, 가슴, 작은방패판, 다리는 검다. 날개는 연갈색에서 적갈색이며, 노란색을 띠는 흰색 긴 털로 덮여 있다. 앞가슴등판은 볼록하며, 강한 점각이 있다. 날개 점각은 쌍으로 줄을 이루지는 않고 점각열과 점각열 사이에 미세한 점각이 조밀하게 있다. 생태에 관해서는 알려진 게 없다.

274

꼽추잎벌레아과

꼬마맵시잎벌레

Aoria sp.

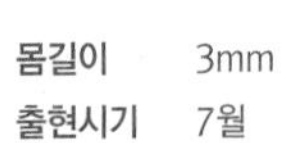

몸길이	3mm
출현시기	7월
분포	한국(중부)
기주식물	정보 부족

암갈색이다. 작은방패판 끝은 약간 잘린 듯한 모양이다. 앞가슴등판 점각은 강하며, 날개 점각도 강하며 비교적 규칙적이다. *A. fulva* Medvedev, 2012와 비슷하나 여러 형태에서 차이가 있다. 생태에 관해서는 알려진 게 없다.

275

꼽추잎벌레아과

포도꼽추잎벌레

Bromius obscurus (Linnaeus, 1758)

몸길이	5~6mm
출현시기	8월
분포	한국(북부, 중부), 중국
기주식물	포도, 바늘꽃과

전체적으로 짙은 갈색이지만 머리, 가슴, 다리는 검다. 날개는 적갈색 바탕이며 노란색을 띠는 흰색 긴 털로 덮여 있다. 날개 점각 크기는 개체에 따라 변이가 심하며, 매우 조밀해 점각 지름이 점각과 점각 사이보다 넓다.

북미 유입종이다.

276 곧선털꼽추잎벌레

꼽추잎벌레아과

Demotina fasciata Baly, 1874

몸길이	4.2~4.5mm
출현시기	5~9월
분포	한국(중부, 남부), 일본, 대만, 중국
기주식물	떡갈나무, 억새류

검은 바탕에 갈색을 띠는 흰 털이나 갈색 비늘이 있다. 날개 가운데 뒤 부근에 흐릿한 띠무늬가 있다. 날개에 강한 점각이 조밀하게 있다. 앞·뒷다리 넓적다리마디에는 크고 굵고 예리한 가시가 있다. 생태에 관해서는 알려진 게 없다.

277
꼽추잎벌레아과

누운털꼽추잎벌레

Demotina fasciculata Baly, 1874

몸길이 3.3~4.2mm
출현시기 6~7월
분포 한국(남부), 일본, 중국
기주식물 참나무류

흰 털이 있는 암갈색에서 흑갈색이며, 가끔 날개 뒷부분에 불분명한 흰색 무늬 등이 있다. 다리는 적갈색이나 넓적다리마디 끝과 종아리마디 중간은 검은색이다. 앞가슴등판과 날개에 점각이 있고, 날개 끝의 각은 90°가량 된다. 뒷다리 넓적다리마디에 예리한 가시가 1개 있다. 생태에 관해서는 알려진 게 없다.

278

꼽추잎벌레아과

경기잎벌레

Demotina modesta Baly, 1874

몸길이	3~4mm
출현시기	5~9월
분포	한국(전국), 일본
기주식물	참나무류

연갈색에서 암적갈색 바탕에 굵고 누운 흰 털이 있다. 가끔 날개 뒷부분에 작고 검은 무늬, 불분명한 흰색 무늬 등이 있기도 하다. 다리는 전부 노란색 또는 적갈색이다. 앞가슴등판과 날개에 점각이 있고, 날개 끝의 각은 90°가량 된다. 다리 넓적다리마디에 예리한 작은 가시가 있다. 생태에 관해서는 알려진 게 없다.

279

꼽추잎벌레아과

애꼽추잎벌레(신칭)

Demotina vernalis Isono, 1990

몸길이	2.8~3.3mm
출현시기	5월
분포	한국(남부; 한국미기록), 일본
기주식물	정보 부족

연갈색 바탕에 경기잎벌레보다 가늘고 짧은 털이 비교적 규칙적으로 열을 이루어 곧게 있다. 작은방패판은 기부 쪽이 넓은 사다리꼴이다. 앞가슴등판과 날개에 점각이 있고, 날개 끝의 각은 약 90° 이하이다. 생태에 관해서는 알려진 게 없다.

280

꼽추잎벌레아과

이마줄꼽추잎벌레

Heteraspis lewisii (Baly, 1874)

몸길이	3.2~4mm
출현시기	5~9월
분포	한국(전국), 일본, 대만, 중국
기주식물	개머루, 머루, 담쟁이덩굴

청동색이나 청색, 초록색, 동색, 적동색을 띠기도 한다. 겹눈 윗부분에 깊은 홈이 있다. 앞가슴등판에는 강한 점각이 조밀하게 있다. 날개 점각은 비교적 규칙적이며 흰색 털이 있고 점각열과 점각열 사이에 미세한 점각이 있다. 생태에 관해서는 알려진 게 없다.

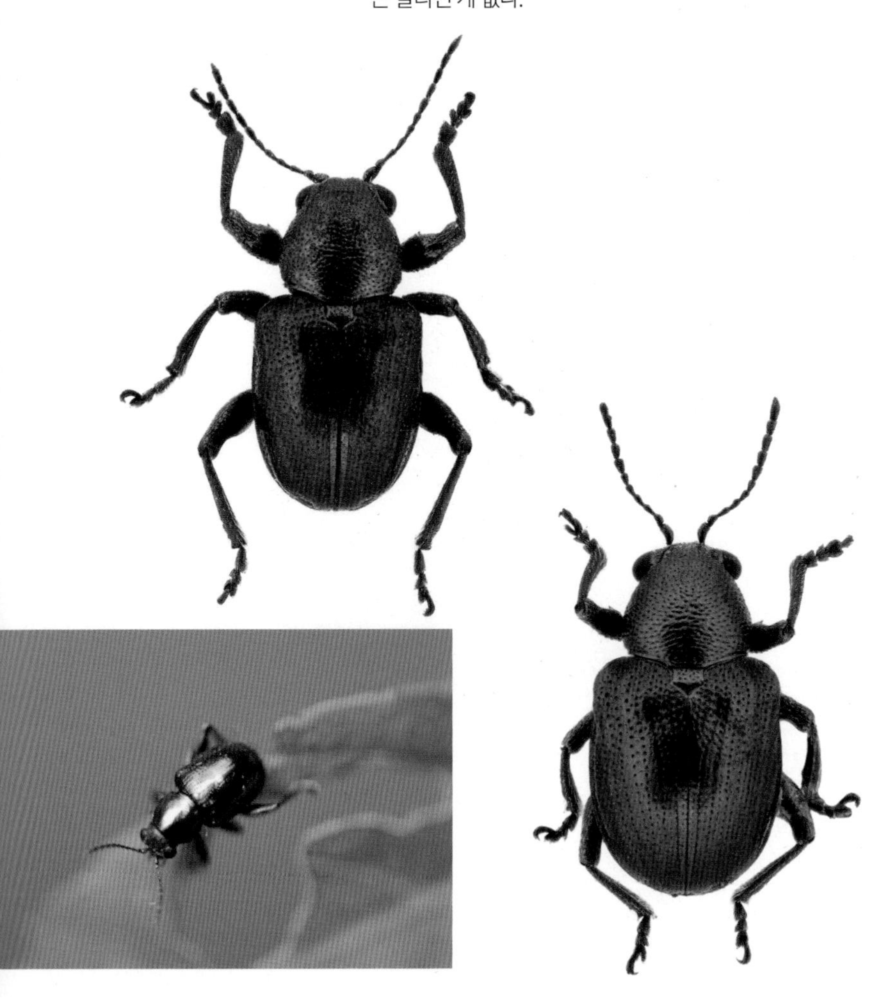

281

꼽추잎벌레아과

사과나무잎벌레

Lypesthes ater (Motschulsky, 1860)

몸길이	6~7mm
출현시기	5~7월
분포	한국(전국), 일본, 중국
기주식물	사과나무, 배나무, 매화나무, 호두나무

전체적으로 검은색이며, 흰 가루 같은 분비물과 매우 미세한 털로 덮여 있다. 앞가슴등판과 날개에 강한 점각이 조밀하게 있다. 넓적다리마디에 가시가 있다. 생태에 관해서는 알려진 게 없다.

282

꼽추잎벌레아과

흰가루털꼽추잎벌레

Lypesthes fulvus (Baly, 1878)

몸길이	6.5~7.5mm
출현시기	4~6월
분포	한국, 일본, 대만, 중국
기주식물	정보 부족

적갈색부터 흑갈색까지 색이 다양하다. 비교적 굵은 털로 덮여 있으나 흰 가루 같은 분비물에 덮여 있지는 않다. 생태에 관해서는 알려진 게 없다.

283

꼽추잎벌레아과

검정꼽추잎벌레

Lypesthes japonicus Ohno, 1958

몸길이	5.5~6mm
출현시기	5~7월
분포	한국(남부), 일본, 중국
기주식물	정보 부족

몸은 검은색이며, 비늘 같은 누운 털과 곧은 털로 덮여 있다. 앞가슴등판에는 약한 점각이, 날개에 강한 점각이 있다. 넓적다리마디에 가시가 있다. 생태에 관해서는 알려진 게 없다.

284 흰털꼽추잎벌레

꼽추잎벌레아과

Lypesthes lewisi (Baly, 1878)

몸길이	7~8mm
출현시기	6~7월
분포	한국(전국), 일본, 중국
기주식물	정보 부족

몸은 암적갈색에서 흑갈색이며 굵고 누운 털이 비늘처럼 덮여 있다. 더듬이 셋째 마디는 넷째 마디보다 훨씬 짧다. 앞가슴등판에는 약한 점각이, 날개에 강한 점각이 있다. 날개 점각과 점각 사이는 솟았고, 날개 끝은 예리하다. 넓적다리마디에 가시가 있다. 생태에 관해서는 알려진 게 없다.

285

꼽추잎벌레아과

경북잎벌레

Pachnephorus porosus Baly, 1878

몸길이 3mm
출현시기 5~7월
분포 한국(북부, 남부), 대만, 중국, 러시아, 인도, 미얀마, 라오스, 태국, 베트남
기주식물 정보 부족

몸은 흑갈색이다. 점각에 전체적으로 끝이 갈라진 흰색, 회색 비늘과 약간 가는 암회색 비늘이 있다. 앞가슴등판에는 강한 점각이 있고, 날개 점각도 강하며 규칙적으로 줄을 이룬다. 생태에 관해서는 알려진 게 없다.

286

꼽추잎벌레아과

닮은흰활무늬잎벌레

Trichochrysea chejudoana Komiya, 1985

몸길이	6~6.5mm
출현시기	5~8월
분포	한국(제주도)
기주식물	정보 부족

자줏빛이 도는 어두운 동색이며, 짧고 긴 흰색 털이 있다. 앞가슴등판 앞 모서리는 비스듬하게 잘린 듯하고, 기부 가장자리에는 굴곡이 있으며, 가운데 뒷부분은 완만하게 돌출되었다. 날개에 크고 작은 2종류 점각이 있다. 생태에 관해서는 알려진 게 없다.

287

꼽추잎벌레아과

흰활무늬잎벌레

Trichochrysea japana (Motschulsky, 1858)

몸길이	6.2~8.2mm
출현시기	5~6월
분포	한국(중부, 남부), 일본, 중국
기주식물	밤나무, 상수리나무

자줏빛이 도는 어두운 동색이며 짧고 긴 흰색 털이 있다. 앞가슴등판 앞부분은 잘린 듯하며, 기부 중앙부는 절단된 모양으로 약하게 돌출되었다. 날개에 크고 작은 2종류 점각이 있으나 가운데에는 작은 점각이 거의 없다. 생태에 관해서는 알려진 게 없다.

288 황갈색꼽추잎벌레

꼽추잎벌레아과

Xanthonia placida Baly, 1874

몸길이	3.2mm
출현시기	7월
분포	한국(중부, 남부), 일본
기주식물	정보 부족

전체적으로 황갈색이나 앞가슴등판과 날개 봉합선, 옆면은 암갈색이다. 강하고 긴 흰 털이 있다. 앞가슴등판과 날개 점각은 강하고 조밀하며, 점각과 점각 사이는 솟았다. 생태에 관해서는 알려진 게 없다.

289

꼽추잎벌레아과

대구잎벌레

Abiromorphus anceyi Pic, 1924

몸길이	6.5~7mm
출현시기	7월
분포	한국(남부), 중국(만주, 중부)
기주식물	버드나무류

금빛이 도는 초록색 바탕에 흰 털이 있다. 앞가슴등판에는 강한 점각이 조밀하게 있고, 날개에 강한 점각과 가로 주름이 있다. 생태에 관해서는 알려진 게 없다.

290

꼽추잎벌레아과

중국청람색잎벌레

Chrysochus chinensis Baly, 1859

몸길이	11~13mm
출현시기	5~8월
분포	한국(전국), 일본, 중국, 몽골, 러시아
기주식물	박주가리, 고구마

청람색 또는 초록색이다. 앞가슴등판에는 강한 점각이 조밀하게 있다. 날개 점각은 불규칙하다. 박주가리에서 성충이 집단으로 활동하는 것을 쉽게 관찰할 수 있다. 위협을 받으면 죽은 척 꼼짝하지 않는다.

291

꼽추잎벌레아과

고구마잎벌레

Colasposoma dauricum Mannerheim, 1849

몸길이	5.3~6mm
출현시기	5~8월
분포	한국(전국), 일본, 중국, 러시아
기주식물	고구마, 메꽃, 개메꽃

청동색, 초록색, 청색에 광택이 있다. 앞가슴등판에는 강한 점각이 있다. 날개 점각은 불규칙하거나 불규칙한 줄이 강하게 있으며, 날개 옆 가장자리에는 주름이 없다.

성충은 6~7월에 나타나며, 녹색에 가늘고 긴 알을 1개씩 지표에 낳는다. 부화한 유충은 땅속에 들어가 식물 뿌리를 가해하며, 노숙 유충으로 월동하다가 이듬해 5~6월에 번데기가 되어 5~7월에 우화한다. 알, 유충, 번데기 기간은 각각 7일, 10~11개월, 10~20일이다.

292
꼽추잎벌레아과

닮은애꼽추잎벌레

Basilepta davidi (Lefèvre, 1877)

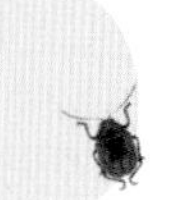

몸길이	3~4mm
출현시기	6~8월
분포	한국(중부, 남부), 일본, 대만, 중국, 베트남
기주식물	정보 부족

전체적으로 연한 적갈색이나 앞가슴등판은 적갈색, 날개는 검은색 등이다. 앞가슴등판에는 점각이 거의 없으며, 날개 점각은 규칙적이며, 점각열과 점각열 사이에는 미세한 점각이 있다. 생태에 관해서는 알려진 게 없다.

293
꼽추잎벌레아과

금록색잎벌레

Basilepta fulvipes (Motschulsky, 1860)

몸길이	3~4.5mm
출현시기	5~8월
분포	한국(전국), 일본, 대만, 중국, 몽골, 러시아
기주식물	쑥, 국화, 딸기, 여뀌, 향유

초록색, 청색, 동색, 갈색, 붉은색 등 다양하다. 앞가슴등판에는 강한 점각이 있다. 날개 점각은 대체로 규칙적이나 일부 불규칙한 부분이 있다.

6~7월에 성충이 출현해 8월 초에 산란하며 알은 약 2주 만에 부화한다. 연 1회 발생하며 유충으로 월동하는 것으로 추정된다.

금록색잎벌레

294

꼽추잎벌레아과

노랑애꼽추잎벌레

Basilepta hirayamai (Chûjô, 1935)

몸길이	2.5~3.5mm
출현시기	8월
분포	한국(남부), 일본, 대만, 중국, 몽골, 러시아
기주식물	정보 부족

노란색 바탕에 갈색 부분이 있다. 앞가슴등판은 강한 점각이 성기게 있다. 날개 점각은 끝부분 1/3을 제외하고 규칙적이다. 다리에는 점각과 털이 있으며 넓적다리마디는 크게 부풀었다. 앞다리 넓적다리마디에 작은 가시가 있다. 생태에 관해서는 알려진 게 없다.

295

꼽추잎벌레아과

연노랑애꼽추잎벌레

Basilepta pallidula (Baly, 1874)

몸길이	3.3~3.9mm
출현시기	7~8월
분포	한국(중부, 남부), 일본, 중국
기주식물	졸참나무, 밤나무, 정금나무 등

노란색 바탕에 갈색 부분이 있다. 앞가슴등판에 점각이 있으며, 앞 가장자리를 따라 가로로 놓인 점각 1줄은 가운데서 끊어진다. 날개 점각은 비교적 강하고 규칙적이지만 기부 및 끝부근에서는 약해진다. 앞다리 넓적다리마디에 작은 가시가 있다. 생태에 관해서는 알려진 게 없다.

296 정박이이마애꼽추잎벌레

꼽추잎벌레아과

Basilepta punctifrons An, 1988

몸길이	4mm
출현시기	7월
분포	한국(남부)
기주식물	통보리사초

적갈색이다. 머리와 앞가슴등판에 강한 점각이 조밀하게 있다. 날개 점각은 비교적 강하고 규칙적이지만 끝으로 갈수록 약해지며 점각열과 점각열 사이에 점각이 없다. 모든 넓적다리마디에 가시가 있다. 생태에 관해서는 알려진 게 없다.

297
꼽추잎벌레아과

무산알락잎벌레

Cleoporus lateralis (Motschulsky, 1866)

몸길이 3~3.5mm
출현시기 정보 부족
분포 한국(남부), 일본, 대만, 중국, 베트남, 캄보디아, 러시아
기주식물 벚나무, 매화나무, 배나무, 사과나무

전체는 검은색이나 날개 어깨와 끝부분 적갈색인 경우, 앞가슴등판이 검고 날개가 적갈색인 경우, 날개 봉합선과 옆 가장자리가 검은색인 경우 등 색 변이가 많다. 앞가슴등판에는 크고 작은 점각이 있다. 날개 점각은 비교적 크고 규칙적이지만 작은 점각도 있다. 발톱은 2엽이다. 생태에 관해서는 알려진 게 없다.

298

꼽추잎벌레아과

콩잎벌레

Pagria consimilis (Baly, 1874)

몸길이 2.2~2.8mm
출현시기 5~9월
분포 한국(전국), 일본, 대만, 인도네시아(수마트라), 러시아
기주식물 콩, 싸리류

수컷은 전체적으로 적갈색이다. 암컷은 앞가슴등판 기부 2/3 정도가 검은색이다. 날개 기부 융기부 뒤쪽으로 짙은 八자 무늬가 있거나 없다. 앞가슴등판에는 강한 점각이 있고, 날개 점각은 비교적 강하고 규칙적이지만 기부와 끝 부근에서는 매우 약하다.

성충은 6월 말에서 8월 중순에 콩 기부 등에다 알을 10개 낳고 주위에 반달 모양으로 분비물을 칠한다. 4령으로 땅속에서 번데기가 되며, 알, 유충, 번데기 기간은 각각 10일, 30일, 6일이다. 8~9월에 나타난 성충이 월동한다.

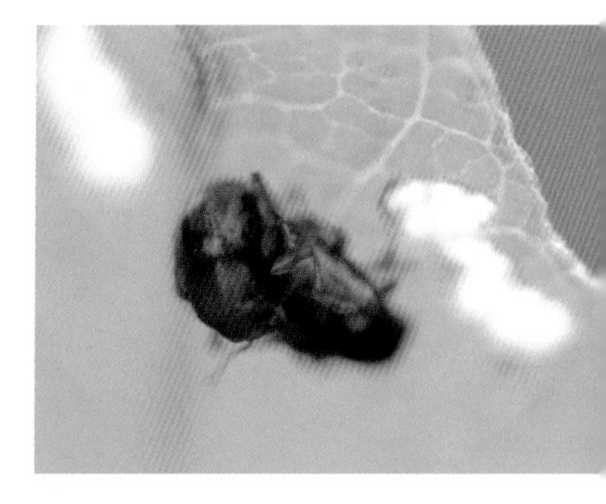

299 애콩잎벌레

꼽추잎벌레아과

Pagria ussuriensis Moseyko et Medvedev, 2005

몸길이 2.2~2.7mm
출현시기 5~9월
분포 한국(전국), 일본, 중국, 러시아
기주식물 싸리류

머리 및 앞가슴등판은 검은색이다. 가끔 정수리와 앞가슴등판 전연부는 적갈색이다. 날개는 황갈색이나 봉합선은 흑갈색이다. 앞가슴등판에는 강한 점각이 조밀하게 있다. 날개 점각은 비교적 강하고 규칙적이나 기부와 끝 부근에서는 매우 약하거나 없다.
싸리류에서 쉽게 관찰할 수 있다. 지금까지 콩잎벌레와 같은 종으로 취급했다.

300

꼽추잎벌레아과

톱가슴잎벌레

Syneta adamsi Baly, 1877

몸길이	2.2~2.7mm
출현시기	5~9월
분포	한국(전국), 일본, 중국, 러시아
기주식물	졸참나무, 칠엽수, 자작나무류, 너도밤나무류

머리 및 앞가슴등판은 검은색이다. 가끔 정수리와 앞가슴등판 전연부는 적갈색이다. 날개는 황갈색이나 봉합선은 흑갈색이다. 앞가슴등판에는 강한 점각이 조밀하게 있다. 날개 점각은 비교적 강하고 규칙적이나 기부와 끝 부근에서는 매우 약하거나 없다.

암컷은 땅으로 떨어트리듯 알을 낳고, 알은 2~3주 후 부화한다. 알에 보호막은 없다. 유충은 땅속으로 들어가 기주식물 뿌리를 가해한다.

MEGALOPODIDAE

A Guide Book of Korean Leaf Beetles

수중다리 잎벌레과

수중다리잎벌레아과

Megalopodinae

물푸레나무속, 장미속, 하늘타리속, 고삼속을 가해한다. 대다수 종이 기주식물의 새로운 줄기 끝부분을 큰턱으로 돌아가면서 물어뜯어 자른다. 성충은 자른 끝부분에서 나오는 수액을 핥아 먹는다. 암컷은 잘린 꼭대기에서 2~3mm 되는 자리에 작은 구멍을 내어 만든 줄기 속 작은 타원형 방에 알을 낳는다. 잎벌레로서 줄기 속에 알을 낳는 것은 매우 특이한 경우이다. 유충은 하늘소 유충처럼 기주식물 줄기 속에서 조직을 먹으면서 굴을 만들지만 식물에 혹은 만들지 않는다. 유충 단계는 4령까지다. 1년에 1세대 발생하며 성충은 주로 5~6월에 활동한다.

301 수중다리잎벌레

수중다리잎벌레아과

Poecilomorpha cyanipennis (Kraatz, 1879)

몸길이	8~10.5mm
출현시기	5~6월
분포	한국(북부, 중부, 남부), 중국, 러시아
기주식물	고삼

머리는 적갈색이며 정수리에 검은 세로무늬가 있다. 가슴은 적갈색이며 검은색 사다리꼴 무늬가 있다. 날개는 금속성이 있는 청색이다. 다리는 적갈색이나 발목마디는 검고 뒷다리 넓적다리마디 아랫면에는 검은색 무늬가 있다. 날개에 강한 점각이 조밀하게 있고, 긴 갈색 털도 있다. 뒷다리 넓적다리마디 아랫면 가운데에 가시가 1개 있고, 종아리마디는 크게 휘었다.

성충은 5~6월에 나타나 고삼 줄기를 가해한다.

302 가시수중다리잎벌레

수중다리잎벌레아과

Temnaspis bonneuili Pic, 1947

몸길이	8~8.2mm
출현시기	5~6월
분포	한국(남부), 러시아
기주식물	정보 부족

전체적으로 적갈색 바탕에 흰색 털이 있으나 더듬이와 다리는 검은색이다. 앞가슴등판에는 점각이 매우 성기게 있다. 날개 점각은 불규칙하다. 뒷다리 넓적다리마디는 매우 굵다. 수컷 뒷다리 넓적다리마디에는 큰 가시가 1개 있고 아래 부근에는 작은 가시가 2개 있다. 암컷은 큰 가시는 없고 작은 가시만 2개 있다. 생태에 관해서는 알려진 게 없다.

303

수중다리잎벌레아과

남경잎벌레

Temnaspis nankinea Pic, 1914

몸길이	8~10mm
출현시기	5~6월
분포	한국(북부, 중부, 남부), 중국
기주식물	물푸레나무

머리, 더듬이 및 가슴은 검은색이나 날개는 흑갈색이다. 날개에 점각과 긴 흑갈색 털이 있다. 뒷다리 넓적다리마디는 매우 굵다. 수컷 뒷다리 넓적다리마디에 큰 가시가 1개 있고 아래 부근에는 작은 가시가 2개 있다. 암컷은 큰 가시가 없고 작은 가시만 2개 있다. 종아리마디는 휘었다.

성충은 5월 초와 6월 초에 나타나 기주식물의 새싹이나 어린 줄기를 가해한다. 어린 줄기와 잎자루를 입으로 360° 돌아가면서 물어뜯어 넘어뜨린다. 피해를 입은 줄기 끝은 삼지창 모양이 되며, 그 속에 알을 낳는다. 5월 중순에 피해 줄기 2~3cm 아래에서 유충이 발견된다. 유충은 혹을 만들지 않는다.

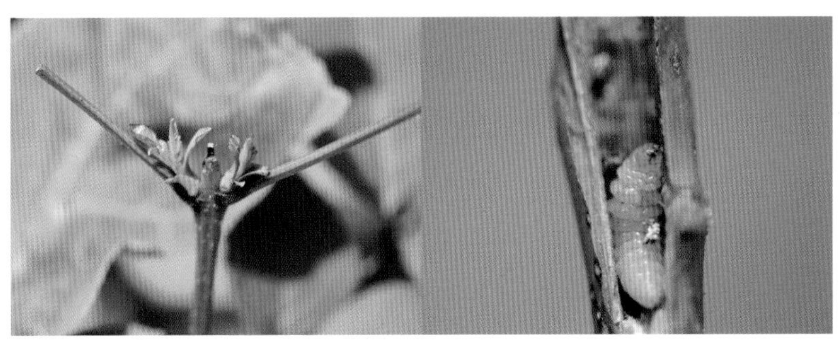

혹가슴잎벌레아과

Zeugophorinae

노박덩굴, 참빗살나무, 화살나무, 회나무, 황벽나무, 참빗살나무 등을 가해한다. 유충은 관목이나 나무의 어린 잎에 굴을 만든다. 성충은 다식자이며 유충과 같은 기주식물 잎을 가해한다. 우리나라에 서식하는 종들은 활발하게 날지는 않으며 위협을 받았을 때 거짓으로 죽은 시늉을 하거나 지표면으로 떨어져 자신을 보호한다. 땅속에서 번데기가 되며 마지막 유충 허물이 끝에 붙어 있다. 새로 출현한 성충은 여름부터 가을까지 활동한다.

304

혹가슴잎벌레아과

혹가슴잎벌레

Zeugophora (*Pedrillia*) *annulata* (Baly, 1873)

몸길이	3.2~4.8mm
출현시기	4~8월
분포	한국(북부, 중부, 남부), 일본, 중국, 러시아(시베리아)
기주식물	노박덩굴, 참빗살나무, 화살나무, 회나무, 황벽나무 등

몸은 갈색에서 검은색이며 날개 끝에 연한 타원 무늬가 있다. 윗면에는 강한 점각이 균일하게 있고 털이 있다. 발톱 기부에 돌기가 1쌍 있다.

월동 성충은 4월 말에 나타나 알을 낳는다. 부화한 유충은 잠엽성이고 5~6월에 나타나며, 종령 유충은 땅속에서 번데기가 되는 것으로 알려졌다.

305
혹가슴잎벌레아과

쌍무늬혹가슴잎벌레

Zeugophora (Pedrillia) bicolor (Kraatz, 1879)

몸길이	3.2~4.7mm
출현시기	5~9월
분포	한국(중부, 남부), 중국, 러시아
기주식물	참빗살나무, 회나무

머리, 더듬이, 다리, 가슴 앞부분은 검은색이며, 날개는 연갈색이다. 윗면에는 강한 점각이 균일하게 있고 털도 있다. 생태에 관해서는 알려진 게 없다.

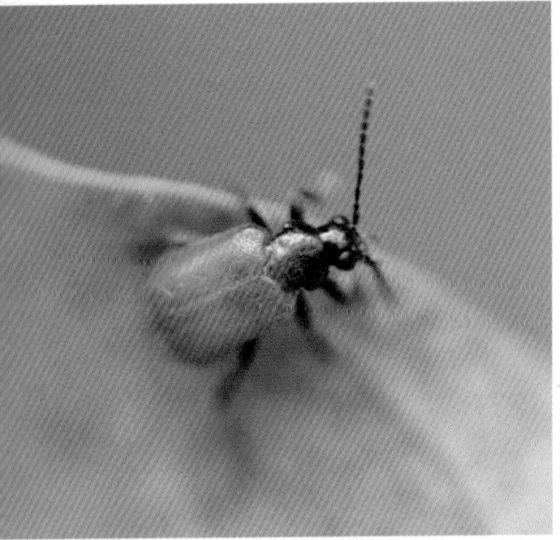

306

혹가슴잎벌레아과

세점혹가슴잎벌레

Zeugophora (Pedrillia) trisignata An et Kwon, 2002

몸길이	4mm
출현시기	4~5월
분포	한국(중부, 남부)
기주식물	참빗살나무

전반적으로 적갈색이며, 날개 기부에 비스듬한 사각 무늬, 가운데서 뒤쪽 부근에 크고 검은 타원 무늬가 있다. 날개 바탕은 검고 가운데에서 앞쪽 부근에 적갈색 삼각 무늬가 있는 경우도 있다. 더듬이 넷째 마디와 다리는 적갈색이다. 날개에 강한 점각이 불규칙하게 있고 털도 있다. 생태에 관해서는 알려진 게 없다.

신종 기재문

New species of Leaf Beetles from Korea
(Chrysomelidae: Cassidinae and Galerucinae)

Subfamily Cassidinae

Leptispa jia An, n. sp.
[Korean name: Ji-A-Ip-Beol-Re]
(Figs. 1. A~C)

Type locality. South Korea: Jeollabuk-do, Jinan-gun, Jucheon-myeon, Mt. Unjang-san.
Type material. Holotype: male(National Science Museum), Mt. Unjang-san, Jucheon-myeon, Jinan-gun, Jeollabuk-do, South Korea, 9. V. 1998, S. L. An leg.

Diagnosis. *Leptispa jia* An, n.sp. is related to *Leptispa takuchii* Chûjô, 1956 which is distributed in Honshu and Kyushu, Japan. It can be distinguished from the latter by the following characters: 1) body in dorsal view more cylindrical, so nearly invisible elytral lateral margins except for margins of middle posterior areas while *L. taguchii* visible elytral lateral margins; 2) body very finely shagreened including head, pronotum, elytra, and underside of body while *L. taguchii* unshagreened elytra; 3) pronotal disc smooth and overall punctuated while *L. taguchii* impunctate on midlongitudinal linear area; 4) apex of elytra sutural margins bluntly produced endoapically while *L. taguchii* simple.

Description. Measurement. Body length: male, 4.5 mm, width: 1.5 mm
Body generally long and narrow, about 3 times as long as broad, nearly parallel-sided, very gradually widened posteriorly and gently narrowed subapical parts, slightly convex; very finely shagreened head, pronotum, elytra, and underside of body; general color entirely black except for antenna, trochanters, femur apices, bases and apices of tibiae, tarsi, and claws very dark reddish brown; mouth parts dark reddish brown except for labrum black.
Head exposed, narrowed to anteriorly, with the anterior border somewhat broadly notched on centre in dorsal view; interocular space and occiput somewhat convex; longitudinal groove on center broadened at anterior, gradually narrowed to the posterior area, deep at middle point, and very shallow and narrow at vertex; the surface very finely shagreened, and moderately punctate in small and large punctures which are similar size and shape as pronotal punctures; eyes

behind areas impunctated; clypeus subtriangular, elevated, rather thickly clothed with whitish pubescences; labrum very broadly and deeply subsided subtrapezoid.

Antenna shorter than the head and prothorax united together and very sparsely covered with white hairs except for apical 3 segments densely covered; 1st segment dilated apically, thicker and slightly longer than 2nd; 2nd thicker and subequal to length 3rd; 3rd thicker and longer than 4th; 4th nearly equal to 5th in length and shape; 5th longer than 6th; 6th shorter than 7th; 7th much longer than 8th; 8th subequal to 6th in length; 9th subequal in length but thicker than 7th, and gradually dilated towards the apex; 10th nearly equal to 9th in length, but same thickness from base to apex; apical segment about 2 times as long as 10th, narrowed apically and bluntly pointed at its tip.

Prothorax subquadrate, parallel-sided and nearly 1.3 times broader than long; pronotum gradually widened anteriorly and strongly narrowed to 1/3 anterior area; the anterior border nearly straight, the sides very narrowly marginated; the anterior angles bending inwardly and nearly forming right angles, but not sharpened in compared to posterior angles; lateral borders narrowly and distinctly marginated, and strongly narrowed at 1/3 anterior; the posterior border produced in the middle towards the scutellum, and marginated in middle except for each side immarginated; the posterior angles slightly more narrow than anterior angles, and acuminated at the corners; the dorsal surface moderately convex and generally smooth with the anterior corners strongly compressed, rather closely covered with large and small punctures, and very finely shagreened all over the surface.

Elytron very elongate, nearly 2 times longer than broad, and nearly parallel-sided, but very slightly and gradually broadened posteriorly, somewhat weakly and broadly constricted at each side before middle, and most broadened near the subcentral portion; in dorsal view somewhat cylindrical, so nearly invisible elytral lateral margins except for margins of middle posterior areas; the disc generally smooth with 10 rows of punctate-striated, punctures in apical gradually weaker and smaller, scutellar row of 10 punctures, 1st row and 10th, 2nd and 9th, 3rd and 8th, 4th and 7th, 5th and 6th connected to each other at apical ends, minutely and sparsely punctured between interstices of punctures rows, and interstices flat on the median disc exception for lateral and apical areas somewhat convex; humeri somewhat raised longitudinally without the large punctures; elytral apices gently rounded and apex of sutural margins bluntly produced endoapically. Scutellum small, nearly as long as wide, lingulate, and gently and gradually narrowed and rounded apical area; the surface smooth and impunctate.

Venter slightly convex, on the whole punctate, and in abdomen coarsely and closely punctuated on the lateral areas, but progressively fine and sparse on the median, shining and very finely and closely shagreened all over the surface; abdomen black except 2-4 abdominal segment apical margins dark yellowish, and weakly depressed inside of each lateral borders; legs strong and stumpy, femora moderately thickened, tibiae slightly shorter than femora, and emarginated at the apical 2/3 outwardly.

Aedeagus rather slender, strongly curved, slightly thickened apically, narrowed in apical area, and apex subrounded in lateral view (Figs. 1B); median lobe nearly subparallel-sided, apically, and apex gently subtruncated in ventral view (Figs 1C); apex of median lobe gently subtruncated, and near of apex shortly and broadly depression in dorsal view.

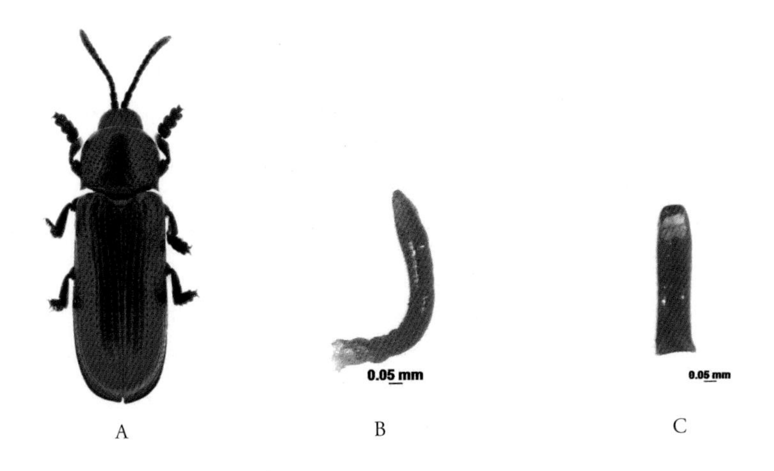

Figs 1. A. *Leptispa jia* sp.nov. Holotype, male, dorsal habitus; B. Ditto, median lobe, lateral view; C. Ditto, median lobe, ventral view.

Entomology. Dedicated to my daughter, Ji-A, collected this species and supported to investigation in the field.

Distribution: South Korea (South).

Subfamily Galerucinae

Hemipyxis hogeunis An, n. sp.

[Korean name: Hogeun- Ip-Beol-Re]

(Figs. 2. A~E)

Type locality. South Korea: Jeollanam-do, Sinan-gun, Daeheugsan-do Island.

Type material. Holotype: male(National Science Museum), Daeheugsan-do Island, Sinan-gun, Jeollanam-do, South Korea, 20. Ⅶ. 1976, S. M. Lee leg. Paratypes: 2 females (National Science Museum), Mt. Juwang-san, Cheongsong-gun, Gyeongsangbuk-do, South Korea, 26. Ⅶ. 1984, S. L. An leg.; 1 male and 1 female (National Science Museum), Mt. Songni-san, Songnisan-myeon, Boeun-gun, Chungcheongbuk-do, South Korea, 24. Ⅷ. 2002, S. L. An leg.; 1 female (National Science Museum), Gwapyeongioreum, Chocheon-up, Jeju-do, South Korea, 24. Ⅶ. 2003, S. L. An leg; 2 females (National Science Museum), Mt. Mandeog-san, Junggil-ri, Seongsu-myeon, Imsil-gun, Jeollabuk-do, South Korea, 29. Ⅵ. 2013, S. L. An leg.

Diagnosis. *Hemipyxis hogeunis* An, n.sp. is related to *H. yuae* Lee & Staines, 2009 which is distributed in Taiwan(Taiwan native species). They can be distinguished from the latter by the following character; 1) elytra color: *H. yuae* is black with two pairs of transverse white spots at basal 1/4 and apical 1/3 respectively while *H. hogeunis* is dark reddish brown with two pairs of longitudinally subrounded yellowish white spots(Fig. 2 A and B); 2) shape of aeduagus: in *H. yuae,* concave of dorsal median lobe in center is gradually broadened apically, apex of lateral median lobe is gently narrowed, and apex of ventral median lobe is bluntly pointed while *H. hogeunis,* concave of dorsal median lobe in center is very narrowed and broadened apical area, apex of lateral median lobe is dorsally curved, and apex of ventral median lobe is gently subrounded(Fig. 2 C~E). *H. hogeunis* is similar to *H. quadrimaculata* (Jacoby, 1892), and *H. quadripustulata* (Baly, 1876) in having similar 2 pale pattern on elytron. However, *H. hogeunis* can be distinguished by elytron dark reddish brown with elytral suture reddish black, and 2 subrounded yellowish white patterns near center and subapical area.

Description. Measurement. Body length: male, 3.9-4.0 mm, female, 4.5-5.0 mm. Width: elytra width, male 2.0-2.2 mm, female 3.0-3.5 mm.

Body generally oblong and convex, about 1.7times as long as broad, gradually broadened postriorly, most widened at 1/3 apical area of elytra; surfaces shining reddish brown to dark chestnut; antenna generally blackish with 3 basal segments brown; head yellowish brown; pronotum reddish brown with outer side line in margin reddish black; scutellum reddish brown with outer border dark reddish; elytron dark reddish brown with elytral suture reddish black, and 2 subrounded yellowish white patterns near center and subapical area; ventral surfaces reddish yellow; legs reddish brown.

Head slightly broader than length, widest at eyes and distinctly narrower than breadth of pronotum at anterior angles; labrum strongly convex at anterior margin with a few hairs; frontoclypeus strongly carinate medially on upper 1/2, anterior portion broadly swollen at middle, sides weakly and broadly concave; interantennal space strongly convex; genae shallowly impressed below lower margin of eye; frontal tubercles subquadrate, distinctly swollen and separated medially by a narrow groove; vertex impunctate, surface with a deep fovea inner margin of eye.

Antenna nearly 7/9 as long as body length; 1st segment enlarged apically, longest; 2nd shortest, distinctly longer than broad, and about 1/2 as long as 1st; 3rd 1.6 times longer than 2nd; 4th slightly longer than 3rd; 5th slightly longer than 4th; 6th slightly shorter than 5th; 7th nearly subequal to 6th in length and shape; 8th subequal to 10th in length and shape; 11th subequal to 10th in shape but its apex pointed and longer.

Pronotum subquadriate, nearly 2.2 times as long as broad, widest at middle and distinctly narrower than breadth of elytral at basal margin; anterior margin nearly straight, anterior angle blunted with a long seta, and obliquely projecting cephalad; lateral margin slightly elevated, posterior angle obtuse with a long seta; disc evenly convex but impressed along lateral margin, surface sparsely punctate with fine punctures, and shining.

Elytron oblong-oval, 1.4 times as long as broad, lateral margin slightly elevated and weakened in apical area, subbasal and apical 1/4 rounded to apex; epipleuron rather wide and continuing nearly to apex, surface moderately concave with fine punctures; disc confusedly punctate, interspaces 1.0~3.0 times than puncture diameter, surface very weakly swollen. Scutellum subtriangular, apex briefly rounded, slightly longer than breadth.

Venter punctulate to moderately punctate with fine pubscences, abdomen moderately swollen mesally; each sternite very sparsely and strongly punctate.

Legs moderately strong and large; tibiae broadly excavated along outer surface, and claws appendiculae; in male 1st tarsomere of front leg very strongly enlarged, nearly as long as broad, mid leg 1st tarsomere strongly enlarge, slightly longer than breath, hind leg 1st tarsomere normal; hind femur strongly swollen, about 1/2 as broad as long, hind 1st tarsomere slightly longer than 2nd and 3rd combined.

Aedeagus rather thick, parallel-sided and deeply furrowed on center, apically truncated with median projection and carina on center, and apex subrounded in dorsal view; median lobe slightly curved and narrowed at apical 1/4, apex slightly bented dorsally, concaved on center, and projected dorsally in lateral view; apex subrounded in ventral view.

Figs. 2. A. *Hemipyxis hogeunis* An, n.sp. Holotype, male, dorsal habitus; B. Ditto, Paratype, female, dorsal habitus; C. Ditto, median lobe, ventral view; D. Ditto, median lobe, lateral view; E. Ditto, median lobe, dorsal view.

Entomology. Dedicated to my son, Ho-Geun, collected this species and supported to investigation in the field.

Distribution: South Korea (Central, South).

부록 02

한국산 잎벌레과 목록

Family **Chrysomelidae Latreille, 1802** 잎벌레과

Subfamily **Bruchinae Latreille, 1802** 콩바구미아과
Tribe **Amblycerini Bridwell, 1932**
Subtribe **Spermophagina Borowiec, 1987**
Genus ***Spermophagus*** **Schönherr, 1833**
Spermophagus caucasicus Baudi di Selve, 1886 흰털둥근콩바구미
Spermophagus rufiventris Boheman, 1833 둥근콩바구미

Tribe **Bruchini Latreille, 1802**
Subtribe **Acanthoscelidina Bridwell, 1946**
Genus ***Acanthoscelides*** **Schilsky, 1905**
Acanthoscelides pallidipennis (Motschulaky, 1874) 가시다리콩바구미

Genus ***Borowiecius*** **Anton, 1994**
Borowiecius ademptus (Sharp, 1886) 검은점콩바구미

Genus ***Bruchidius*** **Schilsky, 1905**
Bruchidius comptus (Sharp, 1886) 좁쌀콩바구미
Bruchidius coreanus Chûjô, 1937 고려콩바구미
Bruchidius japonicus (Harold, 1878) 좀콩바구미
Bruchidius kiritschenkoi Egorov & Ter-Minassian, 1981 북방콩바구미
Bruchidius lautus (Sharp, 1886) 긴수염콩바구미
Bruchidius lespedezoe (Iablokoff-Khnzorian, 1974) 회색콩바구미
Bruchidius ptilinoides (Fåhraeus, 1839) 굵은수염콩바구미
Bruchidius urbanus (Sharp, 1886) 밑붉은좀콩바구미

Genus ***Callosobruchus*** **Pic, 1902**
Callosobruchus chinensis (Linnaeus, 1758) 팥바구미

Genus ***Megabruchidius*** **Borowiec, 1984**
Megabruchidius dorsalis (Fåhraeus, 1839) 알락콩바구미

Subtribe **Bruchina Latreille, 1802**
Genus ***Bruchus*** **Linnaeus, 1767**

Bruchus affinis Frölich, 1799 앞다리노랑콩바구미

Bruchus atomarius (Linnaeus, 1761) 콩바구미

Bruchus brachialis Fåhraeus, 1839 가시가슴콩바구미

Bruchus pisorum (Linnaeus, 1758) 완두콩바구미

Bruchus rufimanus Boheman, 1833 잠두콩바구미

Tribe **Kytorhinini Bridwell, 1932**

Genus ***Kytorhinus*** **Fischer von Waldheim, 1809**

Kytorhinus senilis Solsky, 1869 도둑놈의지팡이콩바구미

Subfamily **Donaciinae Kirby, 1837 뿌리잎벌레아과**

Tribe **Donaciini Kirby, 1837**

Genus ***Donacia*** **Fabricius, 1775**

Donacia (*Cyphogaster*) *lenzi* Schlönfeldt, 1888 렌지잎벌레

Donacia (*Cyphogaster*) *provostii* Fairmaire, 1885 벼뿌리잎벌레

Donacia (*Donaciomima*) *bicoloricornis* Chen, 1941 암수다른뿌리잎벌레

Donacia (*Donaciomima*) *clavareaui* Jacobson, 1906 검정뿌리잎벌레

Donacia (*Donaciomima*) *flemola* Goecke, 1944 원산잎벌레

Donacia (*Donaciomima*) *japana* Chûjô & Goecke, 1956 홍날개뿌리잎벌레

Tribe **Plateumarini Böving, 1922**

Genus ***Plateumaris*** **C.G. Thomson, 1859**

Plateumaris sericea sibirica (Solsky, 1872) 넓적뿌리잎벌레

Plateumaris weisei (Duvivier, 1885) 대암넓적뿌리잎벌레

Subfamily **Criocerinae Latreille, 1804 긴가슴잎벌레아과**

Tribe **Criocerini Latreille, 1804**

Genus ***Crioceris*** **Geoffroy, 1762**

Crioceris duodecimpunctata (Linnaeus, 1758) 점박이잎벌레

Crioceris quatuordecimpunctata (Scopoli, 1763) 아스파라가스잎벌레

Genus ***Lilioceris*** **Reitter, 1913**

Lilioceris (*Chujoita*) *gibba* (Baly, 1861) 곰보날개긴가슴잎벌레

Lilioceris (*Lilioceris*) *merdigera* (Linnaeus, 1758) 백합긴가슴잎벌레

Lilioceris (*Lilioceris*) *rugata* (Baly, 1865) 곰보긴가슴잎벌레

Lilioceris (*Lilioceris*) *scapularis* (Baly, 1859) 등빨간긴가슴잎벌레

Lilioceris (*Lilioceris*) *sieversi* (Heyden, 1887) 고려긴가슴잎벌레

Lilioceris (*Lilioceris*) *sinica* (Heyden, 1887) 주홍긴가슴잎벌레

Tribe **Lemini Gyllenhal, 1813**

Genus ***Lema* Fabricius, 1798**

Lema (*Lema*) *concinnipennis* Baly, 1865 배노랑긴가슴잎벌레

Lema (*Lema*) *coreensis* Monrs, 1960 우리큰벼잎벌레

Lema (*Lema*) *coronata* Baly, 1873 가시다리큰벼잎벌레

Lema (*Lema*) *cyanella* (Linnaeus, 1758) 쑥갓잎벌레

Lema (*Lema*) *delicatula* Baly, 1873 홍줄큰벼잎벌레

Lema (*Lema*) *dilecta* Baly, 1873 홍점이마벼잎벌레

Lema (*Lema*) *diversa* Baly, 1873 적갈색긴가슴잎벌레

Lema (*Lema*) *scutellaris* (Kraatz, 1879) 등빨간남색잎벌레

Lema (*Microlema*) *decempunctata* (Gebler, 1829) 열점박이잎벌레

Lema (*Petauristes*) *adamsii* Baly, 1865 점박이큰벼잎벌레

Lema (*Petauristes*) *fortunei* Baly, 1859 주홍배큰벼잎벌레

Lema (*Petauristes*) *honorata* Baly, 1873 붉은가슴잎벌레

Genus ***Oulema* Des Gozis, 1886**

Oulema atrosuturalis (Pic, 1923) 갈색벼잎벌레

Oulema dilutipes (Fairmaire, 1888) 홍다리벼잎벌레

Oulema erichsonii (Suffrian, 1841) 세줄박이벼잎벌레

Oulema oryzae (Kuwayama, 1931) 벼잎벌레

Oulema tristis tristis (Herbst, 1786) 노랑다리긴가슴잎벌레

Oulema viridula (Gressitt, 1942) 북방긴가슴잎벌레

Subfamily **Cassidinae Gyllenhal, 1813 남생이잎벌레아과**

Tribe **Aspidimorphini Chapuis, 1875**

Genus ***Aspidomorpha* Hope, 1840**

Aspidomorpha difformis (Motschulsky, 1861) 금자라남생이잎벌레

Aspidomorpha transparipennis (Motschulsky, 1861) 모시금자라남생이잎벌레

Tribe **Cassidini Gyllenhal, 1813**

Genus ***Cassida* Linnaeus, 1758**

Cassida (*Alledoya*) *koreana* Borowiec et Cho, 2011 애꼽추남생이잎벌레

Cassida (*Alledoya*) *vespertina* Boheman, 1862 꼽추남생이잎벌레

Cassida (*Cassida*) *ferruginea* Goeze,1777 세모무늬남생이잎벌레

Cassida (*Cassida*) *fuscorufa* Motschulsky, 1866 적갈색남생이잎벌레

Cassida (*Cassida*) *japana* Baly,1874 닮은애남생이잎벌레

Cassida (*Cassida*) *lineola* Creutzer,1799 줄남생이잎벌레

Cassida (*Cassida*) *mandli* Spaeth,1921 민남생이잎벌레

Cassida (*Cassida*) *mongolica* Boheman,1854 검정남생이잎벌레

Cassida (*Cassida*) *nebulosa* Linnaeus,1758 남생이잎벌레

Cassida (*Cassida*) *pallidicollis* Boheman,1856 노랑가슴남생이잎벌레
Cassida (*Cassida*) *piperata* Hope, 1842 애남생이잎벌레
Cassida (*Cassida*) *rubiginosa rubiginosa* Müller, 1776 청남생이잎벌레
Cassida (*Cassida*) *spaethi* Weise, 1900 스페트남생이잎벌레
Cassida (*Cassidulella*) *nobilis* Linnaeus, 1758 명아주남생이잎벌레
Cassida (*Cassidulella*) *velaris* Weise, 1896 꼬마남생이잎벌레
Cassida (*Cassidulella*) *vittata* Villers, 1789 좀남생이잎벌레
Cassida (*Mionycha*) *concha* Solsky, 1872 우수리남생이잎벌레
Cassida (*Odontionycha*) *viridis* Linnaeus, 1758 박하남생이잎벌레
Cassida (*Taiwania*) *amurensis* (Kraatz, 1879) 아무르남생이잎벌레
Cassida (*Taiwania*) *sigillata* (Gorham, 1885) 닻무늬남생이잎벌레
Cassida (*Taiwania*) *versicolor* (Boheman, 1855) 엑스자남생이잎벌레

Genus ***Glyphocassis* Spaeth, 1914**
Glyphocassis spilota spilota (Gorham, 1885) 남생이잎벌레붙이

Genus ***Hypocassida* Weise,1893**
Hypocassida subferruginea (Schrank, 1776) 메꽃남생이잎벌레(신칭)

Genus ***Thlaspida* Weise, 1899**
Thlaspida biramosa biramosa (Boheman, 1855) 큰남생이잎벌레
Thlaspida lewisii (Baly, 1874) 루이스큰남생이잎벌레

Tribe **Hispini Gyllenhal, 1813**
Genus ***Dactylispa* Weise, 1897**
Dactylispa (*Platypriella*) *excisa excisa* (Kraatz, 1879) 안장노랑테가시잎벌레
Dactylispa (*Platypriella*) *subquadrata subquadrata* (Baly, 1874) 사각노랑테가시잎벌레
Dactylispa (*Triplispa*) *angulosa* (Solsky, 1872) 노랑테가시잎벌레
Dactylispa (*Triplispa*) *koreana* An, Kwon et Lee, 1985 우리노랑테가시잎벌레

Genus ***Hispellinus* Weise, 1897**
Hispellinus chinensis Gressitt, 1950 참가시잎벌레
Hispellinus moerens (Baly, 1874) 가시잎벌레

Genus ***Rhadinosa* Weise, 1905**
Rhadinosa nigrocyanea (Motschulsky, 1860) 검정가시잎벌레

Tribe **Leptispini Weise, 1911**
Genus ***Leptispa* Baly, 1858**
Leptispa jia An, n. sp. 지아잎벌레(신칭)

Subfamily **Chrysomelinae Latreille, 1802 잎벌레아과**

Tribe **Chrysomelini Latreille, 1802**

Genus ***Chrysomela* Linnaeus, 1758**

Chrysomela (*Chrysomela*) *populi* Linnaeus, 1758 사시나무잎벌레
Chrysomela (*Chrysomela*) *tremula tremula* Fabricius, 1787 무산잎벌레
Chrysomela (*Strickerus*) *cuprea* Fabricius, 1775 청보라잎벌레
Chrysomela (*Strickerus*) *cyaneoviridis* Gruev, 1994 닮은청보라잎벌레
Chrysomela (*Strickerus*) *lapponica* Linnaeus, 1758 닮은버들잎벌레
Chrysomela (*Strickerus*) *salicivorax* (Fairmaire, 1888) 녹보라잎벌레
Chrysomela (*Strickerus*) *vigintipunctata vigintipunctata* (Scopoli, 1763) 버들잎벌레

Genus ***Colaphellus* Weise, 1916**

Colaphellus bowringii (Baly, 1865) 무잎벌레(신칭)

Genus ***Gastrolina* Baly, 1859**

Gastrolina thoracica Baly, 1864 호두나무잎벌레

Genus ***Gastrolinoides* Chûjô & Kimoto, 1960**

Gastrolinoides japonica (Harold, 1877) 개암나무잎벌레

Genus ***Gastrophysa* Chevrolat, 1836**

Gastrophysa (*Gastrophysa*) *atrocyanea* Motschulsky, 1860 좀남색잎벌레
Gastrophysa (*Gastrophysa*) *polygoni elongata* Jolivet, 1951 강계잎벌레

Genus ***Phaedon* Latreille, 1829**

Phaedon (*Phaedon*) *brassicae* Baly, 1874 좁은가슴잎벌레

Genus ***Phratora* Chevrolat, 1836**

Phratora (*Chaetoceroides*) *obtusicollis* Motschulsky, 1860 외짝발잎벌레
Phratora (*Chaetoceroides*) *vulgatissima* (Linnaeus, 1758) 린네잎벌레
Phratora (*Phratora*) *koreana* Takizawa, 1985 우리짝발잎벌레
Phratora (*Phratora*) *laticollis* (Suffrian, 1851) 닮은우리짝발잎벌레
Phratora (*Phratora*) *polaris reitteri* (Lopatin, 1962) 북방짝발잎벌레
Phratora (*Phratora*) *ryanggangensis* Gruev, 1994 닮은유럽잎벌레
Phratora (*Phratora*) *vitellinae* (Linnaeus, 1758) 유럽잎벌레

Genus ***Plagiodera* Chevrolat, 1836**

Plagiodera versicolora (Laicharting, 1781) 버들꼬마잎벌레

Genus ***Plagiosterna*** **Motschulsky, 1860**

Plagiosterna adamsii (Baly, 1864) 참금록색잎벌레

Plagiosterna aenea aenea (Linnaeus, 1758) 남색잎벌레

Tribe ***Doryphorini*** **Motschulsky, 1860**

Genus ***Ambrostoma*** **Motschulsky, 1860**

Ambrostoma (*Ambrostoma*) *koreana* Cho et Borowiec, 2013 비단잎벌레

Ambrostoma (*Ambrostoma*) *quadriimpressum quadriimpressum* (Motschulsky, 1845) 북방네눈박이잎벌레

Genus ***Chrysolina*** **Motschulsky, 1860**

Chrysolina (*Allohypericia*) *peninsularis* Bechyné, 1952 서울잎벌레

Chrysolina (*Anopachys*) *aurichalcea* (Mannerheim, 1825) 쑥잎벌레

Chrysolina (*Anopachys*) *gensanensis* (Weise, 1900) 원산보라잎벌레

Chrysolina (*Anopachys*) *koreana* Chûjô, 1941 우리쑥잎벌레

Chrysolina (*Apterosoma*) *aino* Takizawa, 1970 적동색잎벌레

Chrysolina (*Chrysocrosita*) *nikolskyi sutschanica* Medvedev, 1970 청잎벌레

Chrysolina (*Chrysocrosita*) *sulcicollis solida* (Weise, 1898) 비로봉잎벌레

Chrysolina (*Chrysolina*) *staphylaea daurica* (Gebler, 1832) 제주잎벌레

Chrysolina (*Euchrysolina*) *graminis auraria* (Motschulsky, 1860) 강변잎벌레

Chrysolina (*Euchrysolina*) *virgata* (Motschulsky, 1860) 청줄보라잎벌레

Chrysolina (*Hypericia*) *difficilis yezoensis* (Matsumura, 1911) 청동우리잎벌레

Chrysolina (*Lithopteroides*) *exanthematica exanthematica* (Wiedemann, 1821) 박하잎벌레

Chrysolina (*Pseudolithoptera*) *interlucea* Medvedev, 1970 참잎벌레

Tribe **Entomoscelini Reitter, 1913**

Genus ***Entomoscelis*** **Chevrolat, 1836**

Entomoscelis orientalis Motschulsky, 1860 홍테잎벌레

Genus ***Potaninia*** **Weise, 1889**

Potaninia cyrtonoides (Jacoby, 1885) 날개잎벌레

Tribe **Gonioctenini Motschulsky, 1860**

Genus ***Gonioctena*** **Chevrolat, 1836**

Gonioctena (*Brachyphytodecta*) *fulva* (Motschulsky, 1861) 수염잎벌레

Gonioctena (*Gonioctena*) *coreana* (Bechyné, 1948) 우리수염잎벌레

Gonioctena (*Gonioctena*) *gracilicornis* (Kraatz, 1879) 가는수염잎벌레

Gonioctena (*Gonioctena*) *jacobsoni* (Ogloblin et Medvedev, 1956) 황철나무수염잎벌레

Gonioctena (*Gonioctena*) *kamiyai* Kimoto, 1963 큰수염잎벌레

Gonioctena (*Gonioctena*) *koryeoensis* Cho et Lee, 2010 고려수염잎벌레

Gonioctena (*Gonioctena*) *laeta* Medvedev, 1973 참수염잎벌레
Gonioctena (*Gonioctena*) *ogloblini* Medvedev & Dubeshko, 1972 연갈색수염잎벌레
Gonioctena (*Gonioctena*) *sibirica* (Weise, 1893) 배검은수염잎벌레
Gonioctena (*Gonioctena*) *viminalis* (Linnaeus, 1758) 쌍색수염잎벌레
Gonioctena (*Sinomela*) *aeneipennis* Baly, 1862 홍다리수염잎벌레

Genus *Paropsides* Motschulsky, 1860
Paropsides soriculata (Swartz,1808) 십이점박이잎벌레

Subfamily **Galerucinae Latreille, 1802 긴더듬이잎벌레아과**
Tribe **Alticini Newman, 1835**
Genus ***Altica*** **Geoffroy, 1762**
Altica ampelophaga koreana (Ogloblin, 1925) 북선잎벌레
Altica caerulea (Olivier, 1791) 남방벼룩잎벌레
Altica caerulescens (Baly, 1874) 발리잎벌레
Altica circaeae Ohno, 1960 털이슬벼룩잎벌레
Altica cirsicola Ohno, 1960 엉겅퀴벼룩잎벌레
Altica fragariae (Nakane, 1955) 딸기벼룩잎벌레
Altica japonica Ohno, 1960 검정다리벼룩잎벌레
Altica latericosta subcostata Ohno, 1960 버드나무벼룩잎벌레
Altica oleracea oleracea (Linnaeus, 1758) 바늘꽃벼룩잎벌레
Altica sanguisorbae Ohno, 1960 오이풀벼룩잎벌레
Altica viridicyanea (Baly, 1874) 광녹색잎벌레
Altica weisei (Jacobson, 1892) 와이스잎벌레

Genus ***Aphthona*** **Chevrolat, 1836**
Aphthona abdominalis (Duftschmid, 1825) 닮은애벼룩잎벌레
Aphthona chinchihi Chen, 1939 맵시애벼룩잎벌레
Aphthona chinensis Baly, 1877 중국애벼룩잎벌레
Aphthona coreana Heikertinger, 1944 우리애벼룩잎벌레
Aphthona erythropoda Chen, 1939 넓적가슴애벼룩잎벌레
Aphthona modesta Weise, 1887 애벼룩잎벌레
Aphthona perminuta Baly, 1875 검정배애벼룩잎벌레
Aphthona strigosa Baly, 1874 예덕나무애벼룩잎벌레
Aphthona trivialis Weise, 1887 큰애벼룩잎벌레
Aphthona varipes Jacoby, 1890 푸른애벼룩잎벌레

Genus ***Argopistes*** **Motschulsky, 1860**
Argopistes biplagiatus Motschulsky, 1860 두점알벼룩잎벌레
Argopistes coccinelliformis Csiki, 1940 무당잎벌레

Argopistes tsekooni Chen, 1934 깨알벼룩잎벌레
Argopistes unicolor Jacoby, 1885 은계목잎벌레

Genus ***Argopus*** **Fischer von Waldheim, 1824**

Argopus balyi Harold, 1878 애둥글잎벌레
Argopus koreanus Chûjô, 1941 고려둥글잎벌레
Argopus nigripes Weise, 1889 진둥글잎벌레
Argopus nigritarsis (Gebler, 1823) 검정발잎벌레
Argopus punctipennis substriatus Weise, 1887 갈색둥글잎벌레
Argopus unicolor Motschulsky, 1860 단색둥글잎벌레

Genus ***Asiophrida*** **Medvedev, 2000**

Asiophrida spectabilis (Baly, 1862) 왕벼룩잎벌레

Genus ***Batophila*** **Foudras, 1860**

Batophila acutangula Heikertinger, 1921 콩알벼룩잎벌레

Genus ***Bikasha*** **Maulik, 1931**

Bikasha collaris (Baly, 1877) 붉은가슴벼룩잎벌레

Genus ***Chaetocnema*** **Stephens, 1831**

Chaetocnema (*Chaetocnema*) *concinnicollis* (Baly, 1874) 세줄털다리벼룩잎벌레
Chaetocnema (*Chaetocnema*) *costulata* (Motschulsky, 1860) 북방털다리벼룩잎벌레
Chaetocnema (*Chaetocnema*) *cylindrica* (Baly, 1874) 밀잎벌레
Chaetocnema (*Chaetocnema*) *ingenua* (Baly, 1876) 두줄털다리벼룩잎벌레
Chaetocnema (*Tlanoma*) *bicolorata* Kimoto, 1971 홍털다리벼룩잎벌레
Chaetocnema (*Tlanoma*) *breviuscula* (Faldermann, 1837) 애털다리벼룩잎벌레
Chaetocnema (*Tlanoma*) *concinna* (Marsham, 1802) 맵시잎벌레
Chaetocnema (*Tlanoma*) *granulosa* (Baly, 1874) 줄털다리벼룩잎벌레
Chaetocnema (*Tlanoma*) *kimotoi* Gruev, 1980 털다리벼룩잎벌레
Chaetocnema (*Tlanoma*) *koreana* Chûjô, 1942 함북잎벌레
Chaetocnema (*Tlanoma*) *picipes* Stephens, 1831 닮은털다리벼룩잎벌레
Chaetocnema (*Tlanoma*) *puncticollis puncticollis* (Motschulsky, 1858) 넓은가슴털다리벼룩잎벌레

Genus ***Crepidodera*** **Chevrolat, 1836**

Crepidodera aurata (Marsham, 1802) 금꼬마벼룩잎벌레
Crepidodera nigricoxis Allard, 1878 검정다리꼬마벼룩잎벌레
Crepidodera obscuripes (Heikertinger, 1912) 남색꼬마벼룩잎벌레
Crepidodera picipes (Weise, 1887) 유리꼬마벼룩잎벌레
Crepidodera plutus (Latreille, 1804) 알통다리잎벌레

Genus ***Crepidoderoides* Chûjô, 1942**

Crepidoderoides choi Chûjô, 1942 관모산잎벌레

Genus ***Dibolia* Latreille, 1829**

Dibolia sinensis Chen, 1939 쌍가시벼룩잎벌레(신칭)

Genus ***Halticorcus* Lea, 1917**

Halticorcus duodecimmaculata (Chen, 1934) 돌가슴벼룩잎벌레

Halticorcus ornatipennis (Chen, 1933) 팔점돌가슴벼룩잎벌레

Genus ***Hemipyxis* Chevrolat, 1836**

Hemipyxis amurensis (Weise, 1887) 아무르둥글벼룩잎벌레

Hemipyxis flavipennis (Baly, 1874) 둥글벼룩잎벌레

Hemipyxis hogeunis An n. sp. 호근잎벌레(신칭)

Hemipyxis plagioderoides (Motschulsky, 1860) 보라색잎벌레

Genus ***Hermaeophaga* Foudras, 1860**

Hermaeophaga (*Orthocrepis*) *adamsii* Baly, 1874 줄가슴벼룩잎벌레

Hermaeophaga (*Orthocrepis*) *korotyaevi* Konstantinov, 2009 흑다리줄가슴벼룩잎벌레

Genus ***Hyphasis* Harold, 1877**

Hyphasis parvula Jacoby, 1884 점갈색발톱벼룩잎벌레

Genus ***Lipromima* Heikertinger, 1924**

Lipromima minuta (Jacoby, 1885) 애가슴벼룩잎벌레

Genus ***Liprus* Motschulsky, 1861**

Liprus punctatostriatus Motschulsky, 1860 점줄벼룩잎벌레

Genus ***Longitarsus* Latreille, 1829**

Longitarsus (*Longitarsus*) *aphthonoides* Weise, 1887 북방긴발벼룩잎벌레

Longitarsus (*Longitarsus*) *bimaculatus* (Baly, 1874) 쌍무늬긴발벼룩잎벌레(신칭)

Longitarsus (*Longitarsus*) *brunneus* (Duftschmdt, 1825) 대륙벼룩잎벌레

Longitarsus (*Longitarsus*) *cervinus* (Baly, 1875) 큰긴발벼룩잎벌레

Longitarsus (*Longitarsus*) *dorsopictus* Chen, 1939 검정줄긴발벼룩잎벌레

Longitarsus (*Longitarsus*) *fusus* Chen, 1939 검은긴발벼룩잎벌레

Longitarsus (*Longitarsus*) *godmani* (Baly, 1876) 검정긴발벼룩잎벌레

Longitarsus (*Longitarsus*) *holsaticus* (Linnaeus, 1758) 끝붉은긴발벼룩잎벌레

Longitarsus (*Longitarsus*) *kutscherai* (Rye, 1872) 오갈색긴발벼룩잎벌레

Longitarsus (*Longitarsus*) *lewisii* (Baly, 1874) 줄긴발벼룩잎벌레

Longitarsus (*Longitarsus*) *longiseta* Weise, 1889 털긴발벼룩잎벌레
Longitarsus (*Longitarsus*) *nasturtii* (Fabricius, 1792) 대륙긴발벼룩잎벌레
Longitarsus (*Longitarsus*) *nitidus* Jacoby, 1885 붉은배긴발벼룩잎벌레
Longitarsus (*Longitarsus*) *piceorufus* Chen, 1939 애긴발벼룩잎벌레
Longitarsus (*Longitarsus*) *scutellaris* (Mulsant et Rey, 1874) 줄무늬긴발벼룩잎벌레
Longitarsus (*Longitarsus*) *stragulatoides* Gruev, 1990 좀긴발벼룩잎벌레
Longitarsus (*Longitarsus*) *succineus* (Foudras, 1860) 긴발벼룩잎벌레
Longitarsus (*Longitarsus*) *suturellus* (Duftschmdt, 1825) 북방긴발벼룩잎벌레
Longitarsus (*Longitarsus*) *waltherhorni* Csiki, 1939 참긴발벼룩잎벌레

Genus ***Luperomorpha*** **Weise, 1887**

Luperomorpha funesta (Baly, 1874) 검정긴벼룩잎벌레
Luperomorpha josifovi Gruev, 1994 닮은검정긴벼룩잎벌레
Luperomorpha pryeri (Baly, 1874) 긴벼룩잎벌레
Luperomorpha tenebrosa (Baly, 1874) 노랑다리긴벼룩잎벌레(신칭)
Luperomorpha xanthodera (Fairmaire, 1888) 큰긴벼룩잎벌레

Genus ***Lythraria*** **Bedel, 1897**

Lythraria salicariae (Paykull, 1800) 곰보이마벼룩잎벌레

Genus ***Mandarella*** **Duvivier, 1892**

Mandarella moorii (Baly, 1874) 검정잔머리잎벌레
Mandarella nipponensis (Laboissière, 1913) 섬나라잎벌레

Genus ***Manobia*** **Jacoby, 1885**

Manobia parvula (Baly, 1874) 좁쌀벼룩잎벌레

Genus ***Mantura*** **Stephens, 1831**

Mantura (*Mantura*) *clavareaui* Heikertinger, 1912 어리통벼룩잎벌레
Mantura (*Mantura*) *fulvipes* Jacoby, 1885 애통벼룩잎벌레(신칭)
Mantura (*Mantura*) *rustica* (Linnaeus, 1767) 통벼룩잎벌레

Genus ***Neocrepidodera*** **Heikertinger, 1911**

Neocrepidodera interpunctata (Motschulsky, 1859) 점골가슴벼룩잎벌레
Neocrepidodera obscuritarsis (Motschulsky, 1859) 큰골가슴벼룩잎벌레
Neocrepidodera ohkawai Takizawa, 2002 삼각골가슴벼룩잎벌레
Neocrepidodera resina (Gressitt et Kimoto, 1963) 골가슴벼룩잎벌레
Neocrepidodera sibirica (Pic, 1909) 담갈색벼룩잎벌레

Genus *Nonarthra* Baly, 1862

Nonarthra coreana Chûjô, 1935 고려점날개잎벌레

Nonarthra cyanea cyanea Baly, 1874 점날개잎벌레

Genus *Pentamesa* Harold, 1876

Pentamesa sophiae An, 1988 알락벼룩잎벌레

Genus *Philopona* Weise, 1903

Philopona vibex (Erichson, 1834) 혹발톱벼룩잎벌레

Genus *Phygasia* Chevrolat, 1836

Phygasia fulvipennis (Baly, 1874) 황갈색잎벌레

Genus *Phyllotreta* Chevrolat, 1836

Phyllotreta austriaca aligera Heikertinger, 1911 북한등줄벼룩잎벌레

Phyllotreta hamata Park, 2013 붉은점등줄벼룩잎벌레

Phyllotreta humilis Weise, 1887 어깨등줄벼룩잎벌레

Phyllotreta koltzei Weise, 1887 닮은등줄벼룩잎벌레

Phyllotreta nemorum (Linnaeus, 1758) 등줄벼룩잎벌레

Phyllotreta rectilineata Chen, 1939 노랑등줄벼룩잎벌레

Phyllotreta striolata (Illiger, 1803) 벼룩잎벌레

Phyllotreta vittula (Redtenbacher, 1849) 검정등줄벼룩잎벌레

Genus *Pseudoliprus* Chûjô & Kimoto, 1960

Pseudoliprus suturalis suturalis (Jacoby, 1885) 닮은가슴벼룩잎벌레

Genus *Psylliodes* Latreille, 1829

Psylliodes (*Psylliodes*) *attenuata* (Koch, 1803) 홀쭉잎벌레

Psylliodes (*Psylliodes*) *brettinghami* Baly, 1862 홍다리줄벼룩잎벌레

Psylliodes (*Psylliodes*) *cucullata cucullata* Illiger, 1807 줄벼룩잎벌레

Psylliodes (*Psylliodes*) *plana* Maulik, 1926 청색줄벼룩잎벌레

Psylliodes (*Psylliodes*) *punctifrons* Baly, 1874 검정배줄벼룩잎벌레

Psylliodes (*Psylliodes*) *takizawai* Gruev, 1990 닮은검정배줄벼룩잎벌레

Psylliodes viridana Motschulsky, 1858 가지벼룩잎벌레

Genus *Sangariola* Jacobson, 1922

Sangariola fortunei (Baly, 1888) 고려긴잎벌레

Sangariola punctatostriata (Motschulsky, 1860) 곰보가슴벼룩잎벌레

Genus ***Sphaeroderma*** **Stephens, 1831**

Sphaeroderma apicale Baly, 1874 끝빨강공벼룩잎벌레

Sphaeroderma fuscicorne Baly, 1864 홍가슴공벼룩잎벌레(신칭)

Sphaeroderma balyi balyi Jacoby, 1885 검정날개공벼룩잎벌레

Sphaeroderma fraternale Chen, 1939 공벼룩잎벌레

Sphaeroderma leei Takizawa, 1980 우리공벼룩잎벌레

Sphaeroderma separatum Baly, 1874 검정공벼룩잎벌레

Sphaeroderma seriatum Baly, 1874 끝검은공벼룩잎벌레

Genus ***Xuthea*** **Baly, 1865**

Xuthea (*Xuthea*) *orientalis* Baly, 1865 골이마벼룩벌레

Genus ***Trachytetra*** **Sharp, 1886**

Trachytetra lewisi (Jacoby, 1885) 혹머리애벼룩잎벌레(신칭)

Tribe **Galerucini Latreille, 1802**

Genus ***Apophylia*** **J. Thomson, 1858**

Apophylia beeneni Bezděk, 2003 남방잎벌레

Apophylia eoa Ogloblin, 1936 우수리잎벌레

Apophylia grandicornis (Fairmaire, 1888) 길쭉잎벌레

Apophylia thalassina (Faldermann, 1835) 몽고잎벌레

Genus ***Doryxenoides*** **Laboissière, 1927**

Doryxenoides tibialis Laboissière, 1927 장수잎벌레

Genus ***Galeruca*** **Geoffroy, 1762**

Galeruca (*Galeruca*) *dahlii vicina* Solsky, 1872 한서잎벌레

Galeruca (*Galeruca*) *daurica* (Joannis, 1865) 다우리아잎벌레

Galeruca (*Galeruca*) *extensa* (Motschulsky, 1862) 파잎벌레

Galeruca (*Galeruca*) *heydeni* Weise, 1887 하이덴잎벌레

Galeruca (*Galeruca*) *reichardti* Jacobson, 1925 야코브손잎벌레

Galeruca (*Galeruca*) *tanaceti incisicollis* (Motschulsky, 1860) 민줄긴더듬이잎벌레

Galeruca (*Galeruca*) *weisei* Reitter, 1903 긴더듬이잎벌레

Genus ***Galerucella*** **Crotch, 1873**

Galerucella (*Galerucella*) *grisescens* (Joannis, 1865) 딸기잎벌레

Galerucella (*Galerucella*) *nipponensis* (Laboissière, 1922) 일본잎벌레

Galerucella (*Neogalerucella*) *lineola lineola* (Fabricius, 1781) 애참긴더듬이잎벌레

Genus ***Lochmaea*** **Weise, 1883**

Lochmaea caprea (Linnaeus, 1758) 질경이잎벌레

Genus ***Ophraella*** **Wilcox, 1965**

Ophraella communa LeSage, 1986 돼지풀잎벌레

Genus ***Pyrrhalta*** **Joannis, 1865**

Pyrrhalta annulicornis (Baly, 1874) 외잎벌레

Pyrrhalta fuscipennis (Jacoby, 1885) 암갈색날개잎벌레

Pyrrhalta humeralis (Chen, 1942) 참긴더듬이잎벌레

Pyrrhalta tibialis (Baly, 1874) 갈색긴더듬이잎벌레

Genus ***Tricholochmaea*** **Laboissière, 1932**

Tricholochmaea semifulva (Jacoby, 1885) 귀룽나무잎벌레

Genus ***Xanthogaleruca*** **Laboissière, 1934**

Xanthogaleruca aenescens (Fairmaire, 1878) 청날개잎벌레

Xanthogaleruca maculicollis (Motschulsky, 1854) 띠띤수염잎벌레

Tribe **Hylaspini Chapuis, 1875**

Genus ***Agelasa*** **Motschulsky, 1861**

Agelasa nigriceps Motschulsky, 1860 노랑가슴녹색잎벌레

Genus ***Agelastica*** **Chevrolat, 1836**

Agelastica coerulea Baly, 1874 오리나무잎벌레

Genus ***Gallerucida*** **Motschulsky, 1861**

Gallerucida bifasciata Motschulsky, 1860 상아잎벌레

Gallerucida flavipennis Solsky, 1872 솔스키잎벌레

Gallerucida gloriosa (Baly, 1861) 푸른배줄잎벌레

Gallerucida lutea Gressitt et Kimoto, 1963 줄잎벌레

Genus ***Morphosphaera*** **Baly, 1861**

Morphosphaera japonica (Hornstedt, 1788) 가시다리수염잎벌레

Genus ***Sphenoraia*** **Clark, 1865**

Sphenoraia intermedia Jacoby, 1885 청람색긴수염잎벌레

Tribe **Luperini Gistel, 1884**

Genus ***Atrachya*** **Chevrolat, 1836**

Atrachya menetriesii (Faldermann, 1835) 외잎벌레붙이

Genus ***Aulacophora*** **Chevrolat, 1836**

Aulacophora indica (Gmelin, 1790) 오이잎벌레

Aulacophora nigripennis nigripennis Motschulsky, 1858 검정오이잎벌레

Genus ***Charaea*** **Baly, 1878**

Charaea Chujoi Nakane, 1958 흑청색잎벌레(신칭)

Charaea diademata (Ogloblin, 1936) 동글가슴잎벌레

Charaea flaviventre (Motschulsky, 1860) 노랑배잎벌레

Charaea minutum (Joannis, 1865) 꼬마잎벌레

Charaea nigriventries (Ogloblin, 1936) 검정배잎벌레(신칭)

Charaea pseudominutum Beenen & Warchałowski, 2010 닮은애꼬마잎벌레

Genus ***Cneorane*** **Baly, 1865**

Cneorane elegans Baly, 1874 노랑가슴청색잎벌레

Genus ***Doryscus*** **Jacoby, 1887**

Doryscus Chûjôi Takizawa, 1978 털보잎벌레

Genus ***Euliroetis*** **Ogloblin, 1936**

Euliroetis nigronotum Gressitt et Kimoto, 1963 검정가슴잎벌레(신칭)

Genus ***Euliroetis*** **Ogloblin, 1936**

Euliroetis ornata (Baly, 1874) 제주점박이잎벌레

Genus ***Fleutiauxia*** **Laboissière, 1933**

Fleutiauxia armata (Baly, 1874) 뽕나무잎벌레

Genus ***Liroetis*** **Weise, 1889**

Liroetis coeruleipennis Weise, 1889 어깨융기잎벌레(신칭)

Genus ***Luperus*** **Geoffroy, 1762**

Luperus kusanagii Chûjô, 1941 본방잎벌레

Luperus laricis laricis Motschulsky, 1859 잔머리잎벌레

Luperus semiflavus Ogloblin, 1936 반노랑잎벌레

Genus ***Medythia*** **Jacoby, 1887**

Medythia nigrobilineata (Motschulsky, 1860) 두줄박이애잎벌레

Genus ***Monolepta*** **Chevrolat, 1836**

Monolepta dichroa Harold, 1877 외발톱잎벌레

Monolepta nojiriensis Nakane, 1963 애발톱잎벌레(신칭)

Monolepta ogloblini Papp, 1946 발톱잎벌레

Monolepta pallidula (Baly, 1874) 노랑발톱잎벌레

Monolepta quadriguttata (Motschulsky, 1860) 크로바잎벌레

Monolepta shirozui Kimoto, 1965 어리발톱잎벌레

Monolepta signata (Olivier, 1808) 귀신발톱잎벌레

Genus ***Paridea*** **Baly, 1886**

Paridea (*Paridea*) *angulicollis* (Motschulsky, 1854) 세점박이잎벌레

Paridea (*Paridea*) *oculata* Laboissière, 1930 네점박이잎벌레

Genus ***Phyllobrotica*** **Chevrolat, 1836**

Phyllobrotica signata (Mannerheim, 1825) 등줄긴더듬이잎벌레

Genus ***Scelolyperus*** **Crotch, 1874**

Scelolyperus altaicus eous (Ogloblin, 1936) 넓적가슴꼬마잎벌레

Tribe **Oidini Laboissière, 1921**

Genus ***Oides*** **Weber, 1801**

Oides decempunctatus (Billberg, 1808) 열점박이별잎벌레

Subfamily **Lamprosomatinae Lacordaire, 1848 반짝잎벌레아과**

Genus ***Oomorphoides*** **Monrós, 1956**

Oomorphoides cupreatus (Baly, 1873) 두릅나무잎벌레

Oomorphoides nigrocaeruleus (Baly, 1873) 반짝잎벌레

Subfamily **Cryptocephalinae Gyllenhal, 1813 통잎벌레아과**

Tribe **Clytrini Kirby, 1837**

Genus ***Clytra*** **Laicharting, 1781**

Clytra (*Clytra*) *arida* Weise, 1889 넉점박이큰가슴잎벌레

Clytra (*Clytraria*) *atraphaxidis asiatica* Chûjô, 1941 아시아잎벌레

Genus ***Coptocephala*** **Chevrolat, 1836**

Coptocephala orientalis Baly, 1873 민가슴잎벌레

Genus ***Labidostomis*** **Chevrolat, 1836**

Labidostomis (*Labidostomis*) *amurensis amurensis* Heyden, 1884 동양잎벌레

Labidostomis (*Labidostomis*) *chinensis* Lefèvre, 1887 중국잎벌레

Labidostomis (Labidostomis) crebrecollis Medvedev, 1961 극동큰턱잎벌레
Labidostomis (Labidostomis) tjutschewi Jacobson, 1902 둥근큰턱잎벌레
Labidostomis (Labidostomis) urticarum urticarum Frivaldszky, 1892 쌍점박이잎벌레

Genus ***Physauchenia*** **Lacordaire, 1848**

Physauchenia pallens (Lacordaire, 1848) 귤나무잎벌레

Genus ***Physosmaragdina*** **L.N. Medvedev, 1971**

Physosmaragdina nigrifrons (Hope, 1843) 밤나무잎벌레

Genus ***Smaragdina*** **Chevrolat, 1836**

Smaragdina aurita hammarstroemi (Jacobson, 1901) 청남색잎벌레
Smaragdina golda (Jacobson, 1925) 금색가슴잎벌레
Smaragdina labilis sahlbergi (Jacobson, 1901) 고려가는가슴잎벌레
Smaragdina mandzhura (Jacobson, 1925) 만주잎벌레
Smaragdina nipponensis (Chûjô, 1951) 황갈색가슴잎벌레
Smaragdina obscuripes (Weise, 1887) 검정애가슴잎벌레
Smaragdina semiaurantiaca (Fairmaire, 1888) 반금색잎벌레

Tribe **Cryptocephalini Gyllenhal, 1813**
Subtribe **Cryptocephalina Gyllenhal, 1813**
Genus ***Cryptocephalus*** **Geoffroy, 1762**

Cryptocephalus (Asionus) hirtipennis Faldermann, 1835 야마다잎벌레
Cryptocephalus (Asionus) koltzei koltzei Weise, 1887 콜체잎벌레
Cryptocephalus (Asionus) limbellus semenovi Weise, 1889 세메노브잎벌레
Cryptocephalus (Burlinius) bilineatus (Linnaeus, 1767) 두줄통잎벌레
Cryptocephalus (Burlinius) confusus Suffrian, 1854 북한잎벌레
Cryptocephalus (Burlinius) elegantulus Gravenhorst, 1807 큰노랑줄통잎벌레
Cryptocephalus (Burlinius) exiguus amiculus Baly, 1873 부전령잎벌레
Cryptocephalus (Burlinius) flavoscutellaris Medvedev, 1973 극동통잎벌레
Cryptocephalus (Burlinius) fulvus fuscolineatus Chûjô, 1940 점줄박이잎벌레
Cryptocephalus (Burlinius) nigrofasciatus Jacoby, 1885 외줄통잎벌레
Cryptocephalus (Burlinius) pseudopopuli Schöller, 2011 황갈색통잎벌레
Cryptocephalus (Burlinius) sagamensis Tomov, 1982 닮은외줄통잎벌레
Cryptocephalus (Cryptocephalus) aeneoblitus Takizawa, 1975 청남색통잎벌레
Cryptocephalus (Cryptocephalus) bipunctatus cautus Weise, 1893 어깨두점박이잎벌레
Cryptocephalus (Cryptocephalus) coerulans Marseul, 1875 대륙통잎벌레
Cryptocephalus (Cryptocephalus) hyacinthinus Suffrian, 1860 소요산잎벌레
Cryptocephalus (Cryptocephalus) kulibini kulibini Gebler, 1832 묘향산잎벌레
Cryptocephalus (Cryptocephalus) limbatipennis Jacoby, 1885 닮은애통잎벌레

Cryptocephalus (*Cryptocephalus*) *luridipennis pallescens* Kraatz, 1879 광릉잎벌레
Cryptocephalus (*Cryptocephalus*) *mannerheimi* Gebler, 1825 노랑무늬통잎벌레
Cryptocephalus (*Cryptocephalus*) *multiplex multiplex* Suffrian, 1860 육점박이통잎벌레
Cryptocephalus (*Cryptocephalus*) *nitidulus* Fabricius, 1787 북방통잎벌레
Cryptocephalus (*Cryptocephalus*) *ochroloma* Gebler, 1829 하이덴통잎벌레
Cryptocephalus (*Cryptocephalus*) *parvulus* Müller, 1776 등줄잎벌레
Cryptocephalus (*Cryptocephalus*) *peliopterus peliopterus* Solsky, 1872 팔점박이잎벌레
Cryptocephalus (*Cryptocephalus*) *pustulipes* Ménetriés, 1836 두점가슴통잎벌레
Cryptocephalus (*Cryptocephalus*) *regalis regalis* Gebler, 1829 고려육점박이잎벌레
Cryptocephalus (*Cryptocephalus*) *sexpunctatus sexpunctatus* (Linnaeus, 1758) 육점통잎벌레
Cryptocephalus (*Cryptocephalus*) *splendens* Kraatz, 1879 청진잎벌레
Cryptocephalus (*Cryptocephalus*) *tetradecaspilotus* Baly, 1873 십사점통잎벌레
Cryptocephalus (*Cryptocephalus*) *tetrathyrus* Solsky, 1872 아무르잎벌레
Cryptocephalus (*Disopus*) *pini difformis* Jacoby, 1885 애육점통잎벌레
Cryptocephalus (*Heterichnus*) *coryli* (Linnaeus, 1758) 부전령잎벌레붙이
Cryptocephalus (*Heterichnus*) *nobilis* Kraatz, 1879 네점통잎벌레

Genus ***Suffrianus* Weise, 1895**

Suffrianus pumilio (Suffrian, 1854) 톱니발톱잎벌레(신칭)

Subtribe **Monachulina Leng, 1920**

Genus ***Coenobius* Suffrian, 1857**

Coenobius obscuripennis Chûjô, 1935 검정좁쌀통잎벌레

Subtribe **Pachybrachina Chapuis, 1874**

Genus ***Pachybrachis* Chevrolat, 1836**

Pachybrachis (*Pachybrachis*) *amurensis* Medvedev, 1973 극동좀통잎벌레
Pachybrachis (*Pachybrachis*) *distictopygus* (Jacobson, 1901) 북방좀통잎벌레
Pachybrachis (*Pachybrachis*) *lopatini* Medvedev & Rybakova, 1980 초원좀통잎벌레
Pachybrachis (*Pachybrachis*) *ochropygus* (Solsky, 1872) 금강산잎벌레
Pachybrachis (*Pachybrachis*) *scriptidorsum* Marseul, 1875 삼각산잎벌레

Tribe **Fulcidacini Jakobson, 1924**

Genus ***Chlamisus* Rafinesque, 1815**

Chlamisus diminutus (Gressitt, 1942) 애혹잎벌레
Chlamisus pubiceps (Chûjô, 1940) 두꺼비잎벌레
Chlamisus spilotus (Baly, 1873) 혹잎벌레

Subfamily **Eumolpinae Hope, 1840 꼽추잎벌레아과**

Tribe **Bromiini Chapuis, 1874**

Genus ***Acrothinium*** **Marshall, 1865**

Acrothinium gaschkevitchii gaschkevitchii (Motschulsky, 1860) 주홍꼽추잎벌레

Genus ***Aoria*** **Baly, 1863**

Aoria rufotestacea Fairmaire, 1889 맵시꼽추잎벌레

Aoria scutellaris Pic, 1923 닮은맵시꼽추잎벌레

Aoria sp. 꼬마맵시잎벌레

Genus ***Bromius*** **Chevrolat, 1836**

Bromius obscurus (Linnaeus, 1758) 포도꼽추잎벌레

Genus ***Demotina*** **Baly, 1863**

Demotina decorata Baly, 1874 흑무늬털꼽추잎벌레

Demotina fasciata Baly, 1874 곧선털꼽추잎벌레

Demotina fasciculata Baly, 1874 누운털꼽추잎벌레

Demotina modesta Baly, 1874 경기잎벌레

Demotina pseudoimasakai Park, 2013 톱니털꼽추잎벌레

Demotina vernalis Isono, 1990 애꼽추잎벌레(신칭)

Genus ***Heteraspis*** **Chevrolat, 1836**

Heteraspis lewisii (Baly, 1874) 이마줄꼽추잎벌레

Genus ***Lypesthes*** **Baly, 1863**

Lypesthes ater (Motschulsky, 1860) 사과나무잎벌레

Lypesthes fulvus (Baly, 1878) 흰가루털꼽추잎벌레

Lypesthes japonicus Ohno, 1958 검정꼽추잎벌레

Lypesthes lewisi (Baly, 1878) 흰털꼽추잎벌레

Genus ***Lahejia*** **Gahan, 1896**

Lahejia aenea (Chen, 1940) 청동색꼽추잎벌레

Genus ***Pachnephorus*** **Chevrolat, 1836**

Pachnephorus lewisi Baly, 1878 북한꼽추잎벌레

Pachnephorus porosus Baly, 1878 경북잎벌레

Genus ***Trichochrysea*** **Baly, 1861**

Trichochrysea chejudoana Komiya, 1985 닮은흰활무늬잎벌레

Trichochrysea japana (Motschulsky, 1858) 흰활무늬잎벌레

Genus ***Xanthonia*** **Baly, 1863**

Xanthonia placida Baly, 1874 황갈색꼽추잎벌레

Tribe **Eumolpini Hope, 1840**

Genus ***Abiromorphus*** **Pic, 1924**

Abiromorphus anceyi Pic, 1924 대구잎벌레

Genus ***Abirus*** **Chapuis, 1874**

Abirus fortunei (Baly, 1861) 솜털잎벌레

Genus ***Chrysochus*** **Chevrolat, 1836**

Chrysochus chinensis Baly, 1859 중국청람색잎벌레

Genus ***Colaspoides*** **Laporte, 1833**

Colaspoides chinensis Jacoby, 1888 꼽추잎벌레

Genus ***Platycorynus*** **Chevrolat, 1836**

Platycorynus parryi (Baly, 1864) 재니잎벌레

Tribe **Euryopini Chapuis, 1874**

Genus ***Colasposoma*** **Laporte, 1833**

Colasposoma dauricum Mannerheim, 1849 고구마잎벌레

Tribe **Nodinini Chen, 1940**

Genus ***Basilepta*** **Baly, 1860**

Basilepta davidi (Lefèvre, 1877) 닮은애꼽추잎벌레

Basilepta fulvipes (Motschulsky, 1860) 금록색잎벌레

Basilepta hirayamai (Chûjô, 1935) 노랑애꼽추잎벌레

Basilepta pallidula (Baly, 1874) 연노랑애꼽추잎벌레

Basilepta punctifrons An, 1988 점박이이마애꼽추잎벌레

Genus ***Cleoporus*** **Lefèvre, 1884**

Cleoporus lateralis (Motschulsky, 1866) 무산알락잎벌레

Genus ***Pagria*** **Lafèvre, 1884**

Pagria consimilis (Baly, 1874) 콩잎벌레

Pagria ussuriensis Moseyko et Medvedev, 2005 애콩잎벌레

Tribe **Synetini Edwards, 1953**

Genus ***Syneta* Chevrolat, 1837**

Syneta adamsi Baly, 1877 톱가슴잎벌레

Family **Megalopodidae Latreille, 1802 수중다리잎벌레과**

Subfamily **Megalopodinae Latreille, 1802 수중다리잎벌레아과**

Genus ***Poecilomorpha* Hope, 1840**

Poecilomorpha cyanipennis (Kraatz, 1879) 수중다리잎벌레

Genus ***Temnaspis* Lacordaire, 1845**

Temnaspis bonneuili Pic, 1947 가시수중다리잎벌레

Temnaspis nankinea Pic, 1914 남경잎벌레

Subfamily **Zeugophorinae Böving & Craighead, 1931 혹가슴잎벌레아과**

Genus ***Zeugophora* Kunze, 1818**

Zeugophora (*Pedrillia*) *annulata* (Baly, 1873) 혹가슴잎벌레

Zeugophora (*Pedrillia*) *bicolor* (Kraatz, 1879) 쌍무늬혹가슴잎벌레

Zeugophora (*Pedrillia*) *trisignata* An et Kwon, 2002 세점혹가슴잎벌레

참 고 문 헌

An, S.L. 1988. Two new species of Chrysomelidae(Coleoptera) from Korea. *The Korean Socity of Systematic Zoology*, 4(1): 43-46.

An, S.L. 2011. *Leafbeetle of Korea (Coleoptera: Chrysomelidae)*. National Science Museum, Seoul, 548 pp.

An, S.L. 2015. Classification of the leafbeetles from Korea. Part Ⅴ. Subfamily Megalopodinae (Coleoptera: Chrysomelidae). *Journal of Asia-Pacific Biodiversity*, 8: 314–317.

An, S.L. 2015. *The Chrysomelidae (Coleoptera) of Korea. Part I. Subfamilies Donaciinae, Zeugophorinae and Megalopodinae (Coleoptera: Chrysomelidae)*. National Science Museum, Daejeon, 52 pp.

An, S.L. 2016. *The Chrysomelidae (Coleoptera) of Korea. Ⅱ. Criocerinae and Clytrinae*. National Science Museum, Daejeon, 136 pp.

An, S.L. 2017. *The Chrysomelidae (Coleoptera) of Korea. Part Ⅲ. Cryptocephalinae and Chlamisinae*. National Science Museum, Daejeon, 64 pp.

An, S.L. 2018. *Leafbeetle of Korea (Coleoptera) of Korea. Ⅳ. Subfamily Lamprosomatinae, Synetinae and Eumolpinae*. National Science Museum, Daejeon, 68 pp.

An, S.L. 2019. Two new records of the subfamily Donaciinae (Coleoptera, Chrysomelidae) from Korea. *Journal of Asia-Pacific Biodiversity*, 12: 63–65.

An, S.L. & Kwon, Y.J. 2002. Classification of the Leafbeetles from Korea Part IV. Subfamily Zeugophorinae (Coleoptera: Chrysomelidae). *Insecta Koreana,* 19(3, 4): 271-276.

An, S.L. & Kwon, Y.J. 1995. A check list of Chrysomelidae from Chejudo (Coleoptera). *Insecta Koreana Supplement*, 5: 91–124.

An, S.L., Kwon, Y.J. & Lee, S.M. 1985. Classification of the leafbeetles from Korea. Part Ⅰ. Subfamily Hispinae (Coleoptera: Chrysomelidae). *Insecta Koreana*, 5: 1-9.

An, S.L., Kwon, Y.J. & Lee, S.M. 1985. Classification of the leafbeetles from Korea. Part Ⅱ. Subfamily Cassidinae (Coleoptera: Chrysomelidae). *Insecta Koreana*, 5: 11-30.

An, S.L., Kwon, Y.J. & Lee, S.M. 1986. Classification of the leafbeetles from Korea. Part Ⅲ. Subfamily Criocerinae (Coleoptera: Chrysomelidae). *Insecta Koreana*, 6: 121-141.

An, S.L., Hong, C.-K., Kim, S., Lee, S. & Cho, S. 2014. *Aoria rufotestacea* Faimaire (Coleoptera: Chrysomelidae) long been confused as *Bromius obscurus* (Linnaeus) in Korea. *Entomological Research*, 44: 80–85.

Bezděk, J. 2014. A revision of *Hoplasoma acuminatum* and *H. thailandicum* species groups, and re-definition of *H. unicolor* species group (Coleoptera: Chrysomelidae: Galerucinae). *Zootaxa*, 3794: 419–434.

Bieńkowski, A.O. 2001. A study on the genus *Chrysolina* Motschulsky, 1860, with a checklist of all the described subgenera, species, subspecies, and synonyms (Coleoptera: Chrysomelidae: Chrysomelinae). *Genus*, 12: 105–235.

Borowiec, L. 1983. Contribution to knowledge of Korean and Mongolian seed-beetles (Coleoptera: Bruchidae). *Bulletin Entomology de Pologne*, 53: 281-289.

Borowiec, L. & Cho, H.-W. 2011. On the subgenus *Lasiocassis* Gressitt (Coleoptera: Chrysomelidae: Cassidinae), with description of a new species from South Korea. *Annales Zoologici (Warszawa)*, 61: 445–451.

Chen, S.H. 1936. The chrysomelid genus *Ambrostoma* Motsch. *Sinensia*, 7: 713–729.

Cho, H.-W. & Borowiec, L. 2013. A new species of the genus *Ambrostoma* Motschulsky(Coleoptera, Chrysomelidae, Chrysomelinae) from South Korea, with larval descriptions and biological notes. *ZooKeys*, 321: 1–13.

Cho, H.-W. & Borowiec, L. 2014. Three *Cassida* species new to South Korea, with additional faunistic data and key to all Korean species (Coleoptera: Chrysomelidae: Cassidinae). *Genus*, 25: 481–492.

Cho, H.-W. & Lee, J.E. 2010. *Gonioctena koryeoensis* (Coleoptera: Chrysomelidae: Chrysomelinae), a new species from Korea, with a description of immature stages. *Zootaxa*, 2438: 52–60.

Cho, H.-W. & An, S.L. 2020. An annotated Checklist of Leaf Beetles (Coleoptera: Chrysomelidae: Chrysomelinae) of Korea, with Comments and new Records. *Far Eastern Entomologist*, 404: 1–36.

Chûjô, M. 1940a. Chrysomelid-beetles from Korea (Ⅰ). *Transactions of the Natural History Society of Formosa*, 30: 349–362.

Chûjô, M. 1940b. Chrysomelid-beetles from Korea (Ⅱ). *Transactions of the Natural History Society of Formosa*, 30: 383–398.

Chûjô, M. 1941a. Chrysomelid-beetles from Korea (Ⅲ). *Transactions of the Natural History Society of Formosa*, 31: 61–75.

Chûjô, M. 1941b. Chrysomelid-beetles from Korea (Ⅳ). *Transactions of the Natural History Society of Formosa*, 31: 155–174.

Chûjô, M. 1941c. Chrysomelid-beetles from Korea (Ⅴ). *Transactions of the Natural History Society of Formosa*, 31: 232–236.

Chûjô, M. 1941d. First supplement to the fauna of Korean chrysomelid-beetles (Ⅰ). *Transactions of the Natural History Society of Formosa*, 31: 451–462.

Chûjô, M. 1942. First supplement to the fauna of Korean chrysomelid-beetles (Ⅱ). *Transactions of the Natural History Society of Formosa*, 32: 31–43.

Chûjô, M. 1956. Contribution to the Fauna of Chrysomelidae (Coleoptera) in Japan (Ⅰ). *Memoirs of the Faculty of Liberal Arts & Education Kagawa University*, 2: 1–20.

Chûjô, M. & Kimoto, S. 1961. Systematic Catalog of Japanese Chrysomelidae. *Pacific Insects*, 3(1): 117–202.

Döberl, M. 2007. Beitrag zur Kenntnis der Gattung *Hemipyxis* Dejean, 1836 – die Arten der indo-malayischen Region mit Einschluß der ostpaläarktischen Arten (Coleoptera: Chrysomelidae: Alticinae) 1. Teil. *Russian Entomological Journal*, 16: 79–99.

Doi, H. 1927. The study of Korean Chrysomelidae. *Doubutsugaku Zasshi*, 39: 323–339.

Gressitt, J.L. & Kimoto, S. 1961. The Chrysomelidae (Coleopt.) of China and Korea, Part 1. *Pacific Insects Monograph*, 1A: 1–299.

Gressitt, J.L. & Kimoto, S. 1963. The Chrysomelidae (Coleopt.) of China and Korea, Part 2. *Pacific Insects Monograph*, 1B: 300–1026.

Gruev, B., 1977. Chrysomelidae (Coleoptera) Collected in China by P. M. Hammond and in Korea by Josifiv. *Entomological Review of Japan*, 30(1/2): 19-24.

Gruev, B. 1978. A contribution to the knowledge of the Korean fauna of Chrysomelidae (Coleoptera). *Entomological Review of Japan*, 32: 49–59.

Gruev, B. 1980. A contribution to the knowledge of the Korean fauna of Chrysomelidae of Korea, Ⅲ (Coleoptera). *Entomological Review of Japan*, 34(1/2): 29–38.

Gruev, B., 1990. On the Geographical distribution of some leaf Beetles in Korea with a description of *Psylliodes takizawai* sp. n. Chrysomelidae (Coleoptera). *Entomological Review of Japan*, 45(2): 119-133

Gruev, B., 1994. New Distributional Data about Some Leafbeetles in the Korean Peninsula and Descriptions of Four New Species (Coleoptera, Chrysomelidae). *Insecta Koreana*, 11: 75-84

Gruev, B. & Döberl, M. 2005. *General distribution of the flea beetles in the Palaearctic subregion (Coleoptera, Chrysomelidae: Alticinae). Supplement*. Pensoft, Sofia, 239 pp.

Gruev, B. & Tomov, V. 1984. *Fauna Bulgaria 13 Coleoptera, Chrysomelidae Part I Orsodacninae, Zeugophorinae, Donaciinae, Criocerinae, Clytrinae, Cryptocephalinae, Lamprosomatinae, Eumolpinae.* Aedibus Scientiarium Bulgaricae, 219 pp.

Gruev, B. & Tomov, V. 1986. *Fauna Bulgaria 16 Coleoptera, Chrysomelidae Part II Chrysomelinae, Galerucinae, Alticinae, Hispinae, Cassidinae.* Aedibus Scientiarium Bulgaricae, 388 pp.

Hayashi, M. & Cho, H.-W. 2017. Occurrence of *Plateumaris weisei* (Duvivier) (Coleoptera, Chrysomelidae, Donaciinae) in South Korea. *Elytra, Tokyo, New Series*, 7: 233–234.

Heikertinger, F. 1924. Die Halticinengenera der Palaearktis und Nearktis. Bestimmungstabellen. (Monographie der palaearktischen Halticinen: Systematischer Teil. – Zweites Stück.). *Koleopterologische Rundschau*, 11: 25–48.

Heinze, E. 1943. Über bekannte und neue Criocerinen. (29. Beitrag zur Kenntnis der Criocerinen [Col., Chrysomel.]). *Stettiner Entomologische Zeitung*, 104: 101–109.

Heyden, L. 1887. Verzeichniss der von Herrn Otto Herz aur der chinesischen Halbinsel Korea gesammelten Coleopteren. *Horae Societatis Entomologicae Rossicae*, 21: 243–273.

Isono, M. 1990. A revision of the Genus *Demotina* (Coleoptera, Chrysomelidae) from Japan, the Ryukyus, Taiwan and Korea, Ⅰ. *The Entomological Socity of Japan*, 58(2): 375-382.

Isono, M. 1990. A revision of the Genus *Demotina* (Coleoptera, Chrysomelidae) from Japan, the Ryukyus, Taiwan and Korea, Ⅱ. *The Entomological Socity of Japan*, 58(3): 541-554.

Jacoby, M. 1892. Description of the new genera and species of the phytophagous Coleoptera obtained by Sign. L. Fea in Burma. *Annali del Museo Civico di Storia Naturale Genova,* 32:869-999.

Jolivet, P. 1973. Essai d'analyse écologique de la faune Chrysomélidienne de la Corée. *Cahiers du Pacifique*, 17: 253–288.

Jolivet, P., 1974. Rectification and additions to my list of Korean Chrysmelidae (Coleoptera). *The Journal of Korean Entomology*, 4(2): 97-99

Jolivet, P. & Cox, M. 1996. *Chrysomelidae Biology Volume 1: The Classification, Phylogeny and Genetics*. SPB Academic Publishing, Amsterdam, 443 pp.

Jolivet, P. & Cox, M. 1996. *Chrysomelidae Biology Volume 2: Ecological Studies.* SPB Academic Publishing, Amsterdam, 465 pp.

Jolivet, P. & Hawkeswood, T. 1995. *Host-plants of Chrysomelidae of the the world*. Backyhuys Publishers, Leiden, 281 pp.

Jolivet, P. & Santiago-Blay, J. & Schmitt, M. 2008. *Research on Chrysomelidae Volume Ⅰ*. Brill, Leiden·Boston, 430 pp.

Kang, M.H., Park, J. & Lee, J.E. 2013. First record of the genus *Hyphasis* Harold (Coleoptera: Chrysomelidae: Alticinae) in Korea. *Journal of Asia-Pacific Entomology*, 16: 293–295.

Kim, J.L. 1993. *A series book on Baekdusan Mountain: Animals*. Science & Technology Publishing, Pyeongyang, 391 pp.

Kimoto, S. 1965. The Chrysomelidae of Japan and the Ryukyu Islands. IX. Subfamily Alticinae Ⅱ. *Journal of the Faculty of Agriculture, Kyushu University*, 13: 431–459.

Kimoto, S. 2005. Systematic catalog of the Chrysomelidae (Coleoptera) from Nepal and Bhutan. *Bulletin of the Kitakyushu Museum of Natural History and Human History, Series A*, 3: 13–114.

Kimoto, S. & Gressitt, J. L. 1979. Chrysomelidae(Coleoptera) of Thailand, Cambodia, Laos and Vietnam Ⅰ. Sagrinae, Donaciinae, Zeugophorinae, Megalopodinae and Criocerinae. *Pacific Insects*, 20(2-3): 191-256.

Kimoto, S. & Gressitt, J. L. 1981. Chrysomelidae(Coleoptera) of Thailand, Cambodia, Laos and Vietnam Ⅱ. Clytrinae, Cryptocephalinae, Chlamisinae, Lamprosomatinae and Chrysomelinae. *Pacific Insects*, 23(3-4): 286-391.

Kimoto, S. & Gressitt, J. L. 1982. Chrysomelidae(Coleoptera) of Thailand, Cambodia, Laos and Vietnam Ⅲ. Eumolpinae. *Esakia*, 18: 1-141.

Kimoto, S. & Takizawa, H. 1981. Chrysomelid-beetles of Nepal, collected by the Hokkaido University scientific expeditions to Nepal Himalaya, 1968 and 1975. Part Ⅲ (Coleoptera). *Entomological Review of Japan*, 35: 51–65.

Kimoto, S. & Takizawa, H. 1994. *Leaf beetles (Chrysomelidae) of Japan*. Tokai University Press, Tokyo, 539 pp.

Kimoto, S. & Takizawa, H. 1997, *Leaf beetles (Chrysomelidae) of Taiwan*. Tokai University Press, Tokyo, 581 pp.

Komiya, K. 1971. Report on the survey of Insects, IX. *In*: Report on the academic survey to Is. Chejudo, Republic of Korea. *Research Bulletin of the Plant Protection Service, Japan*, 14: 59–67.

Konstantinov, A.S. 1996. Review of Palearctic species of *Crepidodera* Chevrolat (Coleoptera, Chrysomelidae, Alticinae). *Spixiana*, 19: 21–37.

Konstantinov, A.S. & Prathapan, K.D. 2008. New Generic Synonyms in the Oriental Flea Beetles (Coleoptera: Chrysomelidae). *The Colopterists Bulletin*, 62(3) 381-418.

Konstantinov, A.S., Baselga, A., Grebennikov, V.V., Prena, J. & Lingafelter, S. W. 2011. *Revision of the Palearctic Chaetocnema species (Coleoptera: Chrysomelidae: Galerucinae: Alticini)*. Pensoft Publishers, Sofia-Moscow, 363 pp.

Kwon, Y.J., Lee, J.H., Suh, S.J., An, S.L., Huh, E.Y. & Yeo, Y.S. 1996. Ⅲ. Invertebrate 2 (insects and spiders). P. 93–292. *In*: Lee, I.K. (Ed.). *List of biological species from Korea*. Korean National Council for Conservation of Nature, Seoul.

Lee, C.-F. & Cheng H.-T. 2007. *The Chrysomelidae of Taiwan 1*. Sishhou-Hills Insect Observation Network, Taiwan, 199 pp.

Lee, C.-F. & Cheng H.-T. 2007. *The Chrysomelidae of Taiwan 2*. Sishhou-Hills Insect Observation Network & Taiwan Agricultural Research Institute, Taiwan, 191 pp.

Lee, C.-F. & Staines, C. L. 2009. *Hemipyxis yui*, a new species from Taiwan, with Redescription of its allied species *H. quadrimaculata* (Jacoby, 1892) (Coleoptera: Chrysomelidae: Galerucinae). *The Coleopteristes Bulletion*, 63(1): 62–70.

Lee, C.-F. 2017. Revision of the genus *Doryscus* Jacoby (Coleoptera: Chrysomelidae: Galerucinae). *Zootaxa*, 4269: 1–43.

Lee, C.-F. & Beenen, R. 2017. Revision of the Palaearctic and Oriental species of the genus *Oides* Weber, 1801 (Coleoptera: Chrysomelidae: Galerucinae). *Zootaxa*, 4346: 1–125.

Lee, C.-F. & Bezděk, J. 2013. The genus *Cneorane* Baly, 1865 from Taiwan (Coleoptera: Chrysomelidae: Galerucinae), with notes on sexual dimorphism and its life history. *Zoological Studies*, 52: 9.

Lee, J.E. & An, S.L. 2001. *Family Chrysomelidae. Economic Insects of Korea 14. Insecta Koreana Supplement 21*. National Institute of Agricultural Science and Technology, Suwon, 231 pp.

Lee, J.E. & Cho, H.-W. 2006. *Leaf beetles in the crops (Coleoptera: Chrysomelidae). Economic Insects of Korea 27. Insecta Koreana Supplement 34*. National Institute of Agricultural Science and Technology, Suwon, 130 pp.

Lee, M.J., Kwon, H.Y. & Lee, J.E. 2015. Ten species of the nine coleopteran families recorded from the Korean indigenous species survey of the National Institute of Biological Resources (2014). *Entomological Research Bulletin*, 31: 186–192.

Leschen, R.A.B. & Beutel, R.G. 2014. *Handbook of Zoology, Arthropoda: Insecta; Coleoptera, Beetles, Volume 3: Morphology and systematics (Phytophaga)*. Walter de Gruyter, Berlin/Boston, 675 pp.

Löbl, I. & Smetana, A. 2010. *Catalogue of Palaearctic Coleoptera, Volume 6. Chrysomeloidea*. Apollo Books, Stenstrup, 924 pp.

Lopatin, I.K. & Konstanyinov, A.S. 2009. New genera and species of leafbeetles (Coleoptera: Chrysomelidae) from China and South Korea. *Zootaxa*, 2083:1-18.

Medvedev, L.N. 2006. To the knowledge of Chrysomelidae (Coleoptera) described by V. Motschulsky. *Russian Entomological Journal*, 15: 409–417.

Medvedev, L.N. 2012. Revision of the genus *Aoria* Baly, 1863 (Chrysomelidae: Eumolpinae) from China and Indochina. *Russian Entomological Journal*, 21(1): 45–52.

Medvedev, L.N. 2012. To the knowledge of the genera *Mandarella* Duvivier and *Stenoluperus* Ogloblin (Insecta: Chrysomelidae: Alticinae) from the Himalayas. p. 423–427. *In*: Hartmann, M. & Weipert,

J. (Eds). *Biodiversität und Naturausstattung im Himalaya IV*. Verein der Freunde & Förderer des Naturkundemuseums Erfurt e.V., Erfurt.

Mochizuki, M. & Tsunekawa, W. 1937. A list of Coleoptera from Middle-Korea. *The Journal of Chosen Natural History Society*, 22: 75–93.

Nadein, K. & Lee, C.-F. 2012. New data about some Alticini from Taiwan with descriptions of two new species (Coleoptera: Chrysomelidae). *Bonn Zoological Bulletin*, 61: 41–48.

Ogloblin, D.A. 1936. *Listoedy, Galerucinae. Fauna SSSR. Nasekomye Zhestkokrylye, n. s. 8,26 (1)*. Izdatel'stvo Akademii Nauk SSSR, Moscow-Leningrad, 455 pp.

Park, J., Cha, J.Y., Choi, I.J. & Park, J.K. 2015. Note on the genus *Xanthogaleruca* (Coleoptera: Chrysomelidae: Galerucinae) in Korea, with a newly recorded species. *Journal of Asia-Pacific Biodiversity*, 8: 388–389.

Park, J., Lee, J.E. & Park, J.K. 2013a. A new species of the genus *Demotina* Baly (Coleoptera: Chrysomelidae: Eumolpinae) from Korea. *Entomological Research Bulletin*, 29: 116–118.

Park, J., Lee, J.E. & Park, J.K. 2013b. A new species of the genus *Phyllotreta* Chevrolat (Coleoptera: Chrysomelidae: Alticinae) from Korea. *Entomological Research Bulletin*, 29: 119–123.

Park, J.K., Park, J., Choi, I.J. & Choi, E.Y. 2014. A catalog of the beetles (Coleoptera) recorded from the Korean indigenous species survey of the National Institute of Biological Resources (2011–2013). *Entomological Research Bulletin*, 30: 100–103.

Schöller, M. 2011. *Cryptocephalus (Burlinius) pseudopopuli* n. sp. from South Korea (Coleoptera: Chrysomelidae: Cryptocephalinae). *Mitteilungen Internationaler Entomologischer Verein*, 36: 25–32.

Suenaga, H. 2020. A Revision of the Genus *Altica* (Coleoptera: Chrysomelidae: Galerucinae) of Japan. *Japanese Journal of Systematic Entomology, Supplementary Series*, (2): 163–258.

Takemoto, T. 2019. Revision of the genus *Zeugophora* (Coleoptera, Megalopodidae, Zeugophorinae) in Japan. *Zootaxa*, 4644: 1–62.

Takizawa, H. 1980. Notes on Korean Chrysomelidae. *Nature and Life (Kyungpook Journal of Biological Sciences)*, 10: 1–13.

Takizawa, H. 1985. Notes on Korean Chrysomelidae, part 2. *Nature and Life (Kyungpook Journal of Biological Sciences)*, 15: 1–18.

Tomov, V., 1978. Chrysomelidae (Coleoptera) of Korea preserved in the Hungarian Natural History Museum, Budapest. *Entomological Review of Japan*, 32(1/2): 43-48.

Tomov, V., 1982. Chrysomelidae (Coleoptera) of Korea preserved in the Hungarian Natural History Museum, Budapest. *Entomological Review of Japan*, 37(1): 37-48.

Tomov, V., 1984. Chrysomelidae (Coleoptera) of Korea preserved in the Hungarian Natural History Museum, Budapest. *Entomological Review of Japan*, 39(1): 27-30.

Warchałowski, A. 1969. Beitrag zur Kenntnis der koreanischen Halticinen (Coleoptera, Chrysomelidae). *Annals Zoology, Warszawa*, 27(11): 25-36.

Warchałowski, A. 1970. Revisin der chinensichen longitarsus-Artenen (Coleoptera, Chrysomelidae). *Annals Zoology, Warszawa*, 28(11): 97-152.

Warchałowski, A. 1985. *Chrysomelidae (Insecta: Coleoptera)*. Panstwowe Wydawnictwo Nakowe, Warszawa, 272 pp.

Warchałowski, A. 2010. *The Palaearctic Chrysomelidae. Identification keys. Volume I*. Natura Optima Dux Foundation, Warszawa, 629 pp.

Warchałowski, A. 2010. *The Palaearctic Chrysomelidae. Identification keys. Volume II*. Natura Optima Dux Foundation, Warszawa, 630-1212.

찾 아 보 기

국명

학명